Cognitive Conflicts Theory

认知对抗论

人类认知对抗的底层逻辑

王金霞　仇德辉◎著

中国长安出版传媒有限公司
中国长安出版社

图书在版编目（CIP）数据

认知对抗论 / 王金霞，仇德辉著 . —北京：中国长安出版传媒有限公司，2022.7
ISBN 978-7-5107-1081-0

Ⅰ.①认… Ⅱ.①王… ②仇… Ⅲ.①认知科学 Ⅳ.① B842.1

中国版本图书馆 CIP 数据核字（2021）第 246377 号

认知对抗论

王金霞　仇德辉◎著

出版发行	中国长安出版传媒有限公司　中国长安出版社
社　　址	北京市东城区北池子大街 14 号（100006）
网　　址	http://www.ccapress.com
邮　　箱	capress@163.com
责任编辑	李　涛
电　　话	（010）66529988-1323
印　　刷	唐山玺诚印务有限公司
开　　本	710 毫米 × 1000 毫米　1/16
印　　张	17.75
字　　数	260 千字
版　　次	2022 年 7 月第 1 版
印　　次	2022 年 7 月第 1 次印刷
书　　号	ISBN 978-7-5107-1081-0
定　　价	88.00 元

前 言

随着我国经济实力稳步提升、政治优势日益强固和文化影响力不断增强,逐渐打破了世界经济与军事格局"一超多强"的原有平衡,国际敌对势力除了在经济、军事、科技上对我国限制与围堵以外,在认知空间安全方面也对我国发起猛攻。战争实践表明,单靠物理空间作战,解决不了诸如意识形态、社会制度等问题。随着社会生产力的不断发展,国家之间的共同利益不断增长,认知同化作用的强度、深度、广度和复杂度正在迅速提升。与此同时,国家之间的矛盾利益纠葛也在迅速提升,认知对抗作用的强度、深度、广度和复杂度也在迅速提升。随着信息技术和人工智能技术的快速发展,武器装备系统不断从物理领域向信息领域和认知领域扩展,国家之间在认知领域的竞争与博弈日益激烈和复杂化。因此,加强认知对抗的理论研究和建模应用是我们当前的迫切任务。

一、认知对抗理论的形成与发展

在生产力水平低下的历史时期,人与人、国家与国家之间的交互作用十分有限,利益冲突基本上都局限于低价值层次的简单事物，主要集中在粮食、土地、水源、矿产等。那时，认知对抗的内容与形式都简单明了。在古代，心理战与舆论战的运用相当普遍，都集中在人际间的斗智斗勇层面，其运用场景、动机目的、作用方式和利用手段相对比较单纯。

随着生产力的不断发展，事物越来越趋于多样化、复杂化、动态化、关联化、非物质化，个人与个人、国家之间的交互越来越频繁、越来越强烈、越来越广泛、越来越深入，各种各样的经济关系、政治关系与文化关系建立起来。这样，既催生了许多共同利益，产生越来越多、越来越复杂的认知同化作用；同时又催生了许多矛盾利益，也产生越来越多、越来越复杂的认知对抗作用。

理论是实践的总结，认知交互作用的实践活动必然会催生出相应的理论。不过，至今为止，认知对抗理论仍处于"就事论事"阶段，还未达到"就事论理"阶段；仍处于"提出问题"阶段，还未达到"分析问题"阶段，更未达到"解决问题"阶段。科学性、系统性的认知对抗理论还未真正形成。

二、认知对抗理论的重要意义

科学的认知对抗理论对实践活动的重要现实意义主要有：

1. 提供宏观指导

结合现代科学理论的先进成果，总结认知对抗的若干基本概念、基本范畴、基本原则、基本方法和基本规律等；揭示认知对抗的基本类型、层次结构、核心内容及其逻辑关系；发现各种认知对抗现象的基本原理与运行机制；探索各种认知对抗行为模式的心理动机与影响因素。

2. 提供理论模型

结合现代互联网、大数据、人工智能、5G、区块链等前沿科技，为认知对抗提供各种理论模型，如敌我态势评估模型、认知对抗指数计算模型、认知对抗实战演化模型、认知对抗风险预测模型等。

3. 提供方针策略

提供认知攻击战的基本策略、认知防御战的基本策略、认知防线的组织策略、认知对抗的国际关系策略、认知对抗中的民族政策与宗教政策、社会思潮的引导政策、社会舆情的引导与控制方针等。

4. 提供具体方法

提供认知对抗指数计算方法、弱势心理调整方法、心理损伤修复方法、认知战的攻防方法、社会舆情的引导方法等。

三、当今认知对抗理论性认识的主要缺陷

当今的认知对抗还没有形成规范化的理论体系，主要存在七大缺陷：

1. 前提非公理，缺乏公理性基础

认知对抗的基础理论或假设前提必须是公理，才能成为真正的科学。目前，认知对抗的基础理论是哲学、心理学、传播学，这些学科的许多基本概念建立在主观假设基础之上，没有建立在"公理"基础之上。

例如，关于情感的本质，《心理学大辞典》认为，情感是人对客观事物是否满足自己的需要而产生的态度体验。然而，什么是"需要"，什么是"态度体验"，却没有一个客观而准确的基础定义或公理性定义。这样，心理学关于情感的定义，确乏公理性基础。然而，目前的认知对抗理论大多以社会科学为理论基础。

2. 推理不严谨，缺乏严谨性逻辑

目前的认知对抗理论性认识没有逻辑严谨性，存在着大量主观性、不严谨性的思维方式与推理方式。

例如，有人提出认知防线可划分为逻辑防线、情感防线和伦理防线。这种划分方法并没有严密的科学依据。研究表明，情感包括伦理情感与法律情感等多种具体形式，而且在伦理情感之上，还存在更高着层次的文化情感（包括宗教情感）等。因此，上述关于认知防线的划分方法缺乏严谨性逻辑。

3. 描述不精确，缺乏精确性描述

认知对抗理论性的认识要实现其描述的精确性，就必须广

泛采用数学手段。然而，目前的认知对抗理论性的认识基本上都是定性分析，而没有采用任何数学手段进行定量分析。

例如，目前的认知对抗理论性的认识没有涉及认知对抗指数的数学描述，也没有涉及认知对抗力与认知对抗强度的数学描述方法，因而缺乏精确性描述。

4. 本质未揭示，缺乏本质性认识

认知对抗理论要实现其内容的科学性，就必须从事物的本质看问题，而不是从事物的表面看问题。然而，目前的认知对抗理论基本上都是"就事论事"，而不是"就事论理"。

例如，目前的认知对抗理论看不到主体之间认知对抗背后的价值动因，看不到主体之间认知对抗的本质就是利益冲突，因而缺乏对于认知对抗的本质性认识。

5. 结构不系统，缺乏系统性结构

认知对抗系统是一个非常复杂的系统，包括众多结构要素，而且各种结构要素之间有着十分严密的逻辑关系。然而，目前的认知对抗理论没有科学而客观的基础理论作支撑，无法把认知对抗系统中各种结构要素之间的逻辑关系揭示出来，因而不可能建立严谨的、系统化的认知对抗理论。

例如，目前的认知对抗理论由于不了解经济、政治和文化之间的逻辑关系，因而不可能真正地了解经济认知对抗、政治认知对抗和文化认知对抗之间的逻辑关系，因而也就缺乏系统性结构。

6. 分析不客观，缺乏客观性分析

虽然人的认知是一个主观意识过程，但它所反映的对象是客观事物。对于主观意识（如认知对抗）及其规律性的分析，必须深入考察主观意识（如认知对抗）所对应的客观事物及其规律性，只有这样，分析才是客观的。简而言之，必须从客观角度看主观现象，而不是从主观角度看主观现象。然而，当今的认知对抗理论大多是基于主观判断和模糊认识，必然缺乏客观性分析。

例如，人与人之间既存在认知同化作用，也会存在认知对抗作用，而产生认知同化作用的客观动因是主体之间的共同利益，产生认知对抗作用的客观动因是主体之间的矛盾利益。认知对抗的规律性往往体现了主体之间利益冲突的规律性，认知同化的规律性往往体现了主体之间利益共生的规律性。如果不了解这一点，认知对抗的理论就缺乏客观性分析。

7. 操作不可行，缺乏操作性现实

目前的认知对抗理论性认识，由于没有研究前提的公理性，就没有强大的基础理论作支撑，就不可能发现各种认知对抗现象的客观机理与关键要素，就无法制定发扬我方优势、攻击敌方弱势的基本策略；由于推理不严谨，认知对抗理论中的许多结论存在矛盾与缺陷，在指导认知对抗实践中很容易产生误区与盲区，从而大大降低认知对抗实践的效率性与胜算率；由于计算不精确，就无法找到科学的认知对抗算法模型、态势评估

数据、演化结论，就无法为认知对抗的战略决策提供科学依据；由于结构不系统，就无法在认知对抗实战中充分发挥我方所有认知要素的整体功能，从而无法开展全系统、全方位、全要素、全过程、高效率的认知战；由于分析不客观，就无法揭示认知对抗中各种主观现象的客观规律性，就不可能找到认知对抗中实战取胜的科学方法。所有这些使目前的认知对抗理论缺乏操作性现实。

四、本书的主要特点

1. 前提公理性

理论要具有客观性，必须使其建立在公理的基础之上。"认知对抗论"建立在"统一价值论"的基础之上，而"统一价值论"又是建立在物理学的"热力学定律"和"耗散结构论"基础之上。这样，"认知对抗论"中的所有概念、所有模型、所有定律、所有观点，都可以进行系统性"溯源"，并且最终都能在自然科学（特别是物理学）中找到它的"根"。

例如，"情感以价值为核心"，"价值以能量为核心"。这样，通过"情感→价值→能量"的理论溯源路径，"情感"的概念最终可在物理学中找到它的原始起源。

2. 逻辑严谨性

认知对抗论中所有的理论分析与逻辑推理都遵循严格的逻

辑法则，不存在任何主观判断和模糊推理。

例如，认知对抗论认为，人的意识可分为感觉、认知、评价和意志四个层次。其中，感觉是人脑对于存在特性的主观反映，主要解决"有什么"的问题；认知是人脑对于事实特性的主观反映，主要解决"是什么"的问题；评价是人脑对于价值特性的主观反映，主要解决"有何用"的问题；意志是人脑对于行为特性的主观反映，主要解决"怎么办"的问题。这四者之间有着严密的逻辑递进关系。

3. 描述精确性

认知对抗论大量采用逻辑框图、数学表达式、矢量分析方法等，使理论体系具有较高的描述精确性。

例如，人的评价方式主要有三种：一是需要，可用"事物价值量（Q_O）的主观反映值"来描述；二是价值观，可用"事物价值率（$\Psi = Q_O/(Q_i \times T)$的主观反映值"来描述；三是情感，可用"事物价值率高差（$\triangle \Psi = \Psi - \Psi_O$）的主观反映值"来描述。又如，集体的合成价值观可描述为 $W_j = \sum (K_{pi} \times W_{zi})$，其中，$W_{zi}$ 为第 i 个成员的职务价值观，K_{pi} 为第 i 个成员的支配权数。

4. 内涵本质性

价值是人类生存与发展的动力源，认识世界的根本目的在于改造世界，其核心内容就是最大限度地提高主体的价值增长率。认知对抗论在表面上看属于认识论范畴，但实际上属于价值论范畴。如果从认识论的角度来谈认知对抗，很容易变为"公说公有理，婆说婆有理"；只有从价值论的角度来谈认知对抗，才能揭示认知对抗的本质性内涵。认知对抗论认为，相同的事物对于不同的主体往往具有不同的价值特性，从而产生不同的价值评价。这才是产生认知对抗的真正原因，即认知对抗的根本动因是主体之间的利益冲突。

5. 结构系统性

认知对抗论认为必须从全方位、全要素、全过程、全维度角度来分析认知对抗，包括个人角度与国家角度、自然角度与社会角度、认识论角度与价值论角度、对抗角度与同化角度等，才能使整个理论结构具有高度的系统性。

例如，认知防线是一个复杂的三维系统：横向维度（领域维度）、纵向维度（过程维度）和垂直维度（逻辑维度）。其中，横向维度认知防线是由认知内容或认知领域的防御决定的，纵向维度认知防线是由认知过程的防御决定的，垂直维度的认知防线是由认知层次或认知逻辑的防御决定的。横向维度认知防线系统可分为两个领域：自然领域防线与社会领域防线；纵向维度认知防线系统可分为四个方面：感觉防线、认知防线、评价防线与意志防线；垂直维度认知防线系统可分为四个方面：印象防线、概念防线、定律防线与理论防线。

6. 分析客观性

认知对抗论认为任何主观意识都是对客观存在的反映，事物的表现形式是事物特性，事物特性的主观反映是认识，即认识的形成路线是：事物→事物特性→认识。其中，事物可分为四个基本层次：事物面、事物体、事物链与事物系；事物特性可分为四个基本层次：属性、整体性、规律性与系统性；认识可分为四个基本层次：印象、概念、定律与理论。事物、事物特性与认识这三者之间有着严密的逻辑对应关系。

7. 操作可行性

认知对抗论为认知对抗的实践活动提供可操作的具体方案，主要表现在五个方面：一是为认知对抗提供实际的评估参数：认知对抗指数就是用以描述主体之间认知对抗的强度指标。二是为认知对抗提供基本的思维方向：认识世界的客观目的是改造世界，而改造世界的最终目的是创造价值，并通过人的行为来实施，指导人类行为的核心意识就是价值观，因此认知对抗的核心内容是价值观对抗。三是为认知对抗的攻防提供具体的操作步骤：认知攻击战的具体步骤是抢占话权高地、精选认知理念、搜集有力证据、选定攻击目标、利用辅助手段；认知防御战的具体步骤是话权防御、理念化解、证据证伪、动机揭露、免疫修复。四是为认知对抗的实战提供具体的战略方针：对内强化认知同化，以增强我方的内部凝聚力；对敌强化认知对抗，形成同仇敌忾的统一意志；强化第三方与我方的认知同化以扩大我方的阵营，强化第三方与敌方的认知对抗以缩减敌方的阵营。五是为认知对抗提供强大的人工智能手段：心智机器人主要包括九大系统，其核心内容包括认知数据库、价值观数据库和意志数据库三个基本数据库。

五、认知对抗论的逻辑思路

1.物质、物质特性与认识的逻辑关系

物质可分为四个基本层次：物质面、物质体、物质链与物质系。物质特性可相应地分为四个基本层次：属性、整体性、规律性与系统性。认识也可相应地分为四个基本层次：印象、概念、定律与理论。而且，物质、物质特性与认识的各个层次之间存在着一一对应的逻辑关系。

2.意识的逻辑过程

意识的过程可分为四个基本层次：感觉、认知、评价与意志。其中，感觉是人脑对于存在特性所产生的主观反映，认知是人脑对于事实特性所产生主观反映，评价是人脑对于价值特性所产生主观反映，意志是人脑对于行为特性所产生的主观反映。评价包括需要、情感与价值观三个方面，其中，需要是人脑对于事物价值量的主观反映，价值观是人脑对于事物价值率的主观反映，情感是人脑对于事物价值率高差的主观反映。

3.价值观的理论模型

价值观的数学定义：主体对于所有事物价值率的主观反映值。**价值观第一定律**（价值观运行定律）：主体的实际价值观

总是以其利益价值观（或理想价值观）为核心而上下波动。**价值观第二定律**（价值观双作用定律）：由于同时受到私心力与公心力的双重作用，集体成员的职务价值观总是介于个人价值观与集体价值观之间。**价值观第三定律**（价值观交互作用定律）：共同利益形成价值观同化，矛盾利益形成价值观对抗。

4. 认知对抗与价值观对抗的关系

认识对抗可分为认知对抗与价值观对抗。认识对抗的核心内容是价值观对抗，价值是人类生存与发展的动力源，价值关系是社会关系的核心内容，认识的核心内容是价值观。自然系统与社会系统的认知对抗系统包括两种结构：层次结构与对称结构。

5. 社会思潮对认知对抗的影响

拥有不同"主义"的人们往往会产生明显的认知对抗，甚至会产生严重的社会冲突。例如，精英主义就是主张以社会价值资源贡献制分配方式为主导的社会意识，民粹主义就是主张以社会价值资源平均制分配方式为主导的社会意识；集体主义就是主张以集体价值为主导的社会意识，个人主义就是主张以个人价值为主导的社会意识；激进主义就是主张以不确定性事物为主导的社会意识，保守主义就是主张以确定性事物为主导的社会意识；乐观主义就是主张以正向价值为主导的社会意识，悲观主义就是主张以负向价值为主导的社会意识。

6. 人工智能对于认知对抗的辅助

"三观"(世界观、价值观与人生观)所对应的人工智能系统就是认知数据库、价值观数据库与意志数据库。心智重构工程的主要内容是世界观重构、价值观重构与人生观重构。采用特征工程与心智重构工程的技术方法,可以导出、调整、控制与重构这三个数据库,从而为认知对抗提供有效的人工智能辅助工具。

7. 认知对抗系统运行与控制

认知对抗系统的运行与控制主要包括:一是方向控制,即把握认知战的基本原则与基本策略;二是程序控制,即有计划、有步骤地开展认知对抗;三是心理控制,既要准确抓住对方的心理弱势,又要及时修复自身的心理弱势;四是系统控制,包括认知防线系统、国家安全系统和国际认知对抗系统等的控制。

目 录

第一章 物质、物质特性与认识 / 1

    第一节 实物、物质、事物与复杂事物 / 2

    第二节 物质的层次结构 / 6

    第三节 物质特性的层次结构 / 10

    第四节 认识的层次结构 / 16

    第五节 自然认识与价值认识 / 22

第二章 意识的逻辑过程 / 29

    第一节 感觉与存在特性 / 30

    第二节 认知与事实特性 / 36

    第三节 评价与价值特性 / 38

    第四节 意志与行为特性 / 44

    第五节 感、知、情、意及其逻辑关系 / 49

第三章　价值观的理论模型　/ 55

第一节　价值观的数学描述　/ 56

第二节　价值观第一定律　/ 62

第三节　集体价值观的数学描述　/ 68

第四节　价值观第二定律　/ 72

第五节　价值观第三定律　/ 79

第六节　"三观"的本质及其逻辑关系　/ 86

第四章　认知对抗与价值观对抗　/ 97

第一节　认知对抗的层次结构　/ 99

第二节　认知对抗的本质及影响因素　/ 101

第三节　认知对抗指数　/ 104

第四节　价值是人类生存与发展的动力源　/ 107

第五节　价值关系是社会关系的核心内容　/ 115

第六节　认识的核心内容是价值观　/ 119

第七节　认识对抗的核心内容　/ 123

第八节　自然性认知对抗系统　/ 126

第九节　社会性认知对抗系统　/ 132

第五章　社会思潮对于认知对抗的影响　/ 140

  第一节　民粹主义与精英主义　/ 143

  第二节　集体主义与个人主义　/ 151

  第三节　激进主义与保守主义　/ 156

  第四节　乐观主义与悲观主义　/ 160

  第五节　实用主义与理想主义　/ 163

  第六节　反智主义与理性主义　/ 166

  第七节　机会主义与程序主义　/ 171

第六章　人工智能与认知对抗　/ 175

  第一节　心智机器人的系统结构　/ 177

  第二节　特征工程　/ 181

  第三节　心智重构工程　/ 189

  第四节　人工智能发展的新方向　/ 195

第七章　认知对抗系统的运行与控制　/ 202

  第一节　认知对抗的三大策略　/ 203

  第二节　认知防御的三大原则　/ 205

第三节　认知战的核心内容与攻防程序　/ 207

第四节　认知弱势心理　/ 214

第五节　人在不同年龄段的认知心理　/ 219

第六节　宗教认知对抗系统　/ 229

第七节　国际认知对抗系统　/ 234

第八节　国家安全系统　/ 240

第九节　国家自信系统　/ 245

第十节　认知防线的三维系统　/ 250

第十一节　极端性认知对抗系统　/ 256

参考资料　/ 260

第一章　物质、物质特性与认识

认识是人脑对于物质及其特性的主观反映，要研究认识与认知对抗，就必须首先研究物质与物质特性。然而，孤立的、静默的物质本身是不能被人直接认识的，物质只有在与其他物质发生相互作用与相互联系时才能被人所认识。人首先通过感觉器官来感受与知觉物质之间相互作用与相互联系时所表现出来的特性与能力（物质特性），从而了解物质的属性与整体性，然后通过认识器官（或分析器官）来发现物质之间深层次的逻辑联系。

物质是从低级向高级、从简单到复杂不断发展的，物质特性也随着物质的发展而发展，人的认识也随着物质特性的发展而发展。

物质存在着复杂的层次结构，物质特性也相应地存在着复杂的层次结构，认识也相应地存在着复杂的层次结构。由于物质特性是物质表现出来的存在方式，因此物质的层次结构决定着物质特性的层次结构；由于认识是人脑对于物质特性的主观反映，因此物质特性的层次结构决定着认识的层次结构。

第一节 实物、物质、事物与复杂事物

实物、物质与事物是三个不同层次的东西，然而人们常常混为一谈。认识是人脑对于客观世界的主观反映，而客观世界是由实物、物质与事物所组成，因此要想深入了解认识或认知对抗的真实内容，就必须首先严格区分实物、物质与事物，并充分了解其逻辑关系。

一、实物

实物是物质的基本形态，是指静止质量不等于零的物质。

常见的实物存在状态有六种：固态、液态、气态、等离子态、超固态、中子态。随着实验技术的进步，出现了许多新的物质状态，如玻色-爱因斯坦凝聚及费米子凝聚态。对于基本粒子的研究也产生了新的物质状态，如夸克-胶子浆。

二、物质

物理学关于"物质"与"场"的概念：

物质就是宇宙中的一切实物与场。

场是实物与实物之间相互作用的中介。

其中，场主要包括引力场、电场、磁场、核力场等。例如，引力场就是实物之间相互吸引的中介；电场就是电荷之间相互

吸引或相互排斥的中介；磁场就是磁荷之间相互吸引或相互排斥的中介。

例如，空气和水，食物和棉布，煤炭和石油，钢铁和铜、铝，以及人工合成的各种纤维、塑料等，都是物质，人体本身也是物质。除这些实物之外，光、电磁场等也是物质，它们是以场的形式出现的物质。

三、事物

任何物质都不是孤立存在的，总会以各种方式与其他物质发生相互联系与相互作用，以展现出它的能力与特征（或存在方式）。由此提出**物质特性**概念：物质与其它物质相互联系与相互作用时所展现出来的能力与特征。

物质特性主要有运动特性、时间特性、空间特性、物理特性、化学特性、数理特性等。其中，运动特性是物质的基本特性，其他物质特性都是运动特性的扩展与延伸。例如，时间特性是物质运动的持续性方式；空间特性是物质运动的广延性方式，物理特性（如强度、硬度、色彩、形状、声音、绝热性等）是物质分子之间的作用方式；化学特性是物质原子最外层电子之间的作用方式；核物理特性是物质原子核（质子与中子等）之间的作用方式。

物质的运动特性来源于物质与物质之间的相互作用，因此物质的"作用特性"是物质的最基本特性，它是物质运动特性的另一种表现形式。也就是说，物质的所有特性都来源于物质与物质之间的相互作用。

把物质与物质特性归纳为一种事物。由此提出**事物**的概念：物质以及物质与其他物质相互联系与相互作用时所展现出来的能力与特征。

可见，事物包括两个部分：一是物质本身（物），二是物质特性（事）。显然，事物概念是物质概念的延伸与扩展。

四、复杂事物

任何事物都不会孤立存在，总会与其他事物发生相互作用，以展现出它的能力与特征（或存在方式），从而构成更为复杂的事物。

把事物与事物特性归纳为一种复杂事物。由此提出**复杂事物**的概念：事物以及事物与其它事物相互联系与相互作用时所展现出来的能力与特征。

显然，复杂事物包括两个部分：一是事物本身，二是事物与其它事物的相互联系与相互作用（事物特性）。

事物特性除了具有一般的物质特性（如运动特性、时间特性、空间特性、物理特性、化学特性、数理特性等）以外，还可能具有生理特性与社会特性等。这是由于生命型物质（特别是人类）的出现，事物的复杂性越来越高。

结合上述的物质的组成、事物与物质的关系、复杂事物与事物的关系，可得知实物、物质、事物及复杂事物的逻辑关系，如下图所示：

第一章 物质、物质特性与认识

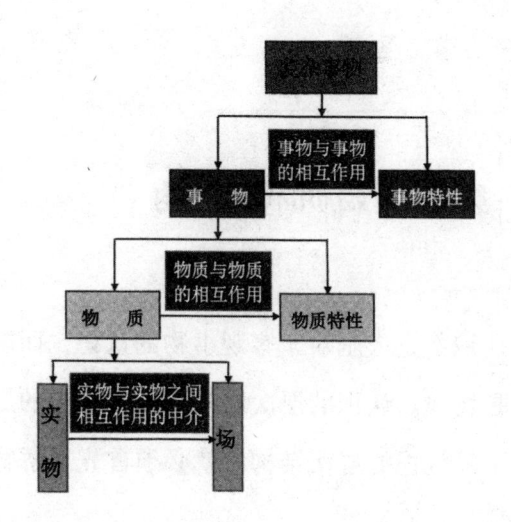

```
          ┌─────────┐
          │ 实在事物 │
          └────┬────┘
      ┌───────┼───────┐
      │  事物与事物     │
      │  的相互作用     │
   ┌──┴──┐         ┌──┴───┐
   │事 物│         │事物特性│
   └──┬──┘         └──────┘
      │
  ┌───┼────┐
  │物质与物质│
  │的相互作用│
┌─┴─┐      ┌──┴───┐
│物 质│    │物质特性│
└─┬─┘      └──────┘
  │
┌─┼──────┐
│实物与实物之间│
│相互作用的中介│
┌┴┐          ┌┴┐
│实│          │ │
│物│          │场│
└─┘          └─┘
```

第二节　物质的层次结构

人类的所有认识都是人脑对于客观事物的认识，而客观事物的核心内容就是物质。认识的层次结构取决于物质的层次结构。为此，要想了解认识的层次结构，就必须首先了解物质的层次结构。

一、物质面

物质作为一种独立的客观存在，总是会通过不同的存在方式展现给世界。而物质的存在方式必须通过物质与其他物质的作用方式来展示。由此提出**物质面**的概念：物质与其他物质之间的作用方式。

物质面中的"面"并不是指空间意义或几何意义的面，而是指物质的一种存在方式，或者指物质之间的一种作用方式，包括物质的颜色、形状、重量、质量、强度、硬度、温度、传导性、隔热性、氧化性、能量等。

由于物质之间的作用方式不同，因此同一物体具有许多不同的物质面，并反映了物质之间的不同作用方式。例如，物质的颜色反映了物质与光波的反射作用，物质的形状反映了物质与物质之间的延展作用，物质的重量反映了物质与地球的引力作用，物质的质量反映了物质之间的惯性作用，物质的强度与硬度反映了物质之间的挤压作用与碰撞作用，物质的温度反映物质之间的分子热运动作用，物质的传导性反映了物质与电荷之间的电传导作用，物质的隔热性反映了物质之间的热传导作用，物质的氧化性反映了物质与氧气之间的氧化作用，物质的能量反映了物质之间的能量交换作用。

二、物质体

同一物质通常与不同的物质往往会发生不同的作用关系，从而展示出不同的客观存在方式和不同的物质面。如果把某种物质的所有物质面综合起来，就会形成该物质的整体形态。由此提出**物质体**的概念：物质与其他所有物质之间作用方式的总和。

例如，"水"作为一个物质体，包括若干物质面，如无色、透明、无味、柔软、湿润、易蒸发、易流动等。

由于物质面是指物质从一种观察角度所展示的存在方式，而物质体是指物质从所有观察角度所展示的存在方式，那么，还可以认为"物质体是所有物质面的总和"。

同一物质体通常有许多不同的物质面，而不同的物质往往又有着相同的物质面。因此要想全面认识某一种物质，就必须了解该物质与其他所有物质之间的作用关系，即了解它的所有物质面。由于世界上的物质种类繁多、千姿百态，且变化多端，而人类的认识能力有限，不可能认识世界上的所有物质，也不可能了解所有物质之间的相互作用关系。总之，人类对于任何一种物质的了解，都只能无限地趋近于全面，而不可能做到真正的全面。人类对于"水"的了解，也是如此。

三、物质链

任何物质体都不是孤立存在的，物质体与物质体之间通常会发生不同类型的相互作用或相互关系，从而构成不同类型的物质群。由此提出**物质链**的概念：由某种作用方式相联系的多个物质体所组成的物质群。

例如，"水往低处流"，是由"水"与"地球"组成的物质链，其作用方式是"引力作用"；又例如，植物通过光合作用，生成果实等物质，是由"植物""太阳""果实"所组成的物质链，其作用方式是"光合作用"；又例如，木材通过燃烧反应，生成二氧化碳、水和灰等物质，是由"木材""氧气""二氧化碳""水""灰"等四者所组成的物质链，其作用方式是"燃烧反应"或"氧化作用"。

四、物质系

任何物质链都不是孤立存在的，物质链与物质链之间通常会发生不同类型的相互作用或相互关系，从而构成不同类型的物质系统。由此提出**物质系**的概念：由某种作用方式相联系的多个物质链所组成的物质系统。

例如，由发生化学作用（化合作用、分解作用、置换作用、复分解作用、有机化合作用等）的各种物质链所组成的物质系就是化学领域物质系。又例如，由发生物理作用（如引力作用、摩擦作用、碰撞作用、电力作用、磁力作用等）的各种物质链所组成的物质系，就是物理领域物质系。又例如，由发生社会作用（如社会分工作用、社会管理作用与社会意识作用等）的各种物质链所组成的物质系，就是社会领域物质系。

五、物质的层次结构及其逻辑关系

归纳起来，物质可分为四个基本层次：物质面、物质体、物质链、物质系。其中，物质体是由多个物质面有机地组合而成，物质链是由多个物质体有机地组合而成，物质系是由多个物质链有机地组合而成。

物质的层次结构，如下图所示：

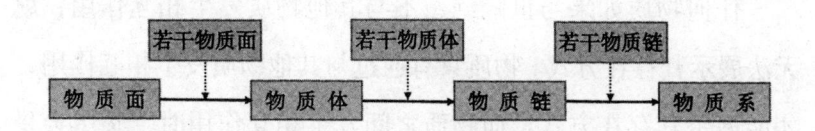

物 质 面 → 物 质 体 → 物 质 链 → 物 质 系

（若干物质面 → 物质体；若干物质体 → 物质链；若干物质链 → 物质系）

第三节 物质特性的层次结构

物质可分为物质面、物质体、物质链和物质系四个基本层次，而每一个层次的物质都具有相对应的物质特性，因而物质特性也可分为属性、整体性、规律性和系统性四个基本层次。

一、属性

任何物质如果与世隔绝，不与其他物质发生相互作用，就无法展示其存在方式。物质只有通过与其他物质发生相互作用，才能展示其存在方式。而物质之间发生相互作用时，必然会呈现出某种特征与能力，观察者通过感知这种特征与能力，就可以了解该物质的基本特性或存在方式。由此提出该物质的**属性**的概念：物质与其他物质发生相互作用时所呈现出来的特征与能力。

属性包括物质的颜色、形状、重量、速度、温度、氧化性、导电性、能量、质量、强度、硬度等具体内容。

物质的颜色是指物质对于光波的反射作用所呈现出来的特征；物质的形状是指物质与其他物质发生空间延展作用时所呈现出来的特征；物质的重量就是物质与地球发生引力作用时所呈现出来的特征；物质的运动速度是指物质与其他物质发生相对运动时所呈现出来的特征；物质的温度是指物质内部分子热

运动与其他一种物质分子热运动发生相互作用时所呈现出来的能力；物质的氧化性是指物质与氧气发生氧化作用时所呈现出来的能力；导电性是指物质与电荷发生传导作用时所呈现出来的能力；物质的能量是指物质与其他物质发生能量交换作用时所呈现出来的能力；物质的质量是指物质与其他物质发生惯性作用时所呈现出来的能力；物质的强度是指物质与其他物质发生挤压作用与碰撞作用时所表现出来的抗破坏能力；物质的硬度是指物质与其他物质发生挤压作用与碰撞作用时所呈现出来的抗变形能力。

由于物质形式的多样性、物质作用范围的广泛性以及物质作用过程的相关性，物质属性可以进行充分的延伸与扩展。归纳起来，广义的物质属性可分为五大类型：

现象属性（名词属性），反映了物质与物质之间相互作用时所表现的特征与能力。例如，颜色、形状、重量、速度、温度、氧化性等。

作用属性（动词属性），反映了物质与物质之间相互作用的具体方式。例如，流动、挤压、碰撞、燃烧等。

关系属性（介词属性），反映了物质与物质之间的相互关系。例如，朝向、介于、在之上、在之后、位于、面对等。

比较属性（形容词属性），反映了物质在第三者物质的参照系统中与其他物质发生作用时的特征与能力。例如，鲜明的颜色、奇怪的形状、特别的重量、缓慢的速度、超高的温度、超强的氧化性、很弱的强度等。

作用比较属性关系（副词属性），反映了物质在第三者物质的参照系中与其他物质相互作用的具体方式。例如，物体形状随着时间的猛烈变化、水在强光照射下的快速蒸发、钢材在磁场影响下的重量变化、声波在不同空气密度中的快速变化。

由于物质面是"物质与其它一种物质之间的作用方式"，因此属性就是"物质面所呈现出来的特征与能力"，即属性是物质面的特性。

二、整体性

任何物质都不可能只与一种其他物质发生相互作用，而是会与众多其他物质发生相互作用。那么，每一种其他物质往往会与该物质发生不同的作用方式，从而表现出不同的属性。由此提出该物质体的**整体性**的概念：物质与其他所有物质发生相互作用时所呈现出来的特征与能力的总和。

例如，"水"的整体性包括无色、透明、无味、柔软、湿润、易蒸发、易流动等属性。

由于物质体是"物质与其他所有物质之间作用方式的总和"，因此整体性就是"物质体所呈现出来的特征与能力的总和"，即整体性是物质体的特性。显然，整体性是属性的扩展与延伸。

三、规律性

物质体之间发生某种相互作用时，必然会呈现出某种特征与能力，观察者通过感知这种特征与能力，就可以了解这些物质体所组成的物质链的基本特性或存在方式。由此提出该物质链的**规律性**的概念：物质链内部各物质体之间发生某种相互作用时所呈现出来的特征与能力。

物质体之间的相互作用包括各种物理作用与化学作用等。例如,"地球围绕太阳转"就是一种规律性,其中,"地球"与"太阳"组成一个物质链,其作用方式是"引力作用"。又例如,"氢气与氧气燃烧以后生成水"就是一种规律性,其中,"氢气""氧气""水"这三者组成一个物质链,其作用方式就是"氧化作用"。又例如,"羊吃草,虎吃羊"就是一种规律性,其中,"草"、"羊"和"虎"这三者组成一个物质链(食物链),其作用方式就是"能量转化作用"或"食物转化作用"。

规律性反映了物质体之间的作用方式。世界上的物质复杂多样,规律性也复杂多样,可以从不角度进行进行分类:

根据物质体之间融合性的不同特点,规律性可分为:相克律、相生律、矛盾律、湮灭律等;根据物质体之间变化性的不同特点,规律性可分为:运动变化律、形态变化律等;根据物质体之间因果性的不同特点,规律性可分为:一因多果律、多因一果律、多因多果律等;根据物质体之间模糊性的不同特点,规律性可分为模糊变化律与确定变化律;根据物质体之间变化性的不同特点,规律性可分为量变律与质变律;根据物质体之间量变性的不同特点,规律性可分为递增律、递减律与守恒律。

由于物质链是"由某种作用方式相联系的多个物质体所组成的物质群",因此规律性就是"物质链所呈现出来的特征与能力",即规律性是物质链的特性。显然,规律性是整体性的扩展与延伸。

四、系统性

物质链之间发生相互作用时,必然会呈现出某种特征与能力,观察者通过感知这种特征与能力,就可以了解这些物质链所组成的物质系的基本特性或存在方式。由此提出该物质系的**系统性**的概念:物质系内部各物质链之间发生某种相互作用时所呈现出来的特征与能力。

物质链之间的相互作用包括各种物理作用与化学作用等。例如,在物理系统中,各种物理规律如万有引力定律、能量守恒定律、动量守恒定律、牛顿三定律、热力学四定律、波义尔气体定律等,都遵循统一的物理规则,即"物质的分子结构不变"。

又例如,在化学系统中,各种化学定律如质量守恒定律、元素守恒定律、电荷守恒定律、电子守恒定律、阿伏加德罗定律、物料守恒定律、盖斯定律等,都遵循统一的化学规则,即"物质的原子结构不变"。

在经济系统中,商品生产规律、商品交换规律、货币运动规律等,都遵循统一的经济学规则,即"最大价值率法则"。

由于物质系是"由某种作用方式相联系的多个物质链所组成的物质系统",因此系统性就是"物质系所呈现出来的特征与能力",即系统性就是物质系的特性。显然,系统性是规律性的扩展与延伸。

五、物质特性的层次结构及其逻辑关系

归纳起来,物质特性可分为四个基本层次:属性、整体性、

规律性、系统性。其中，整体性是由多个属性有机地组合而成，规律性是由多个整体性有机地组合而成，系统性是由多个规律性有机地组合而成。

物质特性的层次结构，如下图所示：

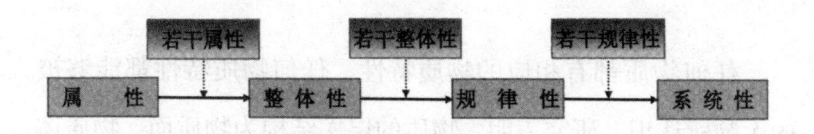

六、物质与物质特性的对应关系

根据物质的层次结构和物质特性的层次结构，可以看出，物质面所对应的物质特性就是属性，物质体所对应的物质特性就是整体性，物质链所对应的物质特性就是规律性，物质系所对应的物质特性就是系统性。

物质与物质特性的对应关系，如下图所示：

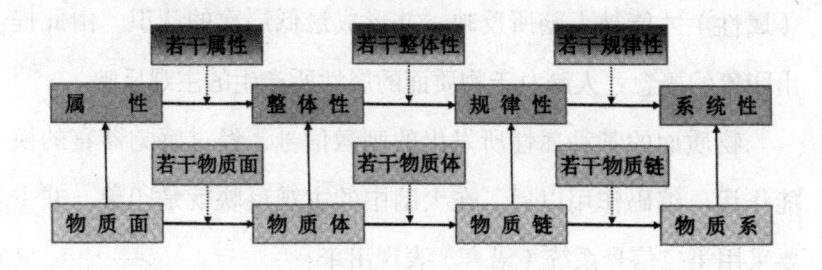

第四节　认识的层次结构

任何物质都有相应的物质特性，任何物质特性都能够被人的大脑所认识。研究表明，物质的层次结构为物质面、物质体、物质链与物质系，物质特性的层次结构为包括属性、整体性、规律性与系统性。同理，人的认识也存在相对应的层次结构。

一、印象

物质的最低层次是物质面，物质面的基本特性是属性。物质面本身是不能直接被人脑所反映的，只有物质面的基本特性（属性）才能被人脑所反映，并形成最低层次的认识。由此提出**印象**的概念：人脑对于物质面的属性所产生的主观反映。

物质面的某种属性所发出的刺激信号，经过感觉器官的换能作用、编码作用以后，在大脑中的主观反映就是印象，并主要采用第二信号系统（语言）表现出来。

例如，人脑对于苹果的形状、色彩、气味、味道、温度等属性分别产生相应的印象。

二、概念

物质的第二层次是物质体，物质体的基本特性是整体性。物质体本身是不能直接被人脑所反映的，只有物质体的基本特性（整体性）才能被人脑所反映，并形成第二层次的认识。由此提出**概念**的概念：人脑对于物质体的整体性所产生的主观反映。

物质的若干属性所发出的刺激信号，经过大脑神经系统的整合作用以后，就形成概念，并主要采用第二信号系统（语言）表现出来。概念反映了人脑对于物质各个属性之间的整体联系及其运动与变化规律的认识，广义的"概念"包括狭义概念、定义、符号、文字（单词、词组）、图像、标识、模型、形象、分子式、函数，以及各种复合属性（如熵、焓、功率）。

由于整体性是由多个属性有机地组合而成，而印象是人脑对于物质面的属性所产生的主观反映，概念是人脑对于物质体的整体性所产生的主观反映。因此，概念是由多个印象有机组合而成。

例如，"水"的概念由水的无色印象、无味印象、透明印象、湿润印象、易流动印象等多方面所组成。

三、定律（或规则）

物质的第三层次是物质链，物质链的基本特性是规律性。物质链本身是不能直接被人脑所反映的，只有物质链的基本特性（规律性）才能被人脑所反映，并形成第三层次的认识。由此提出**定律**（或规则）的概念：人脑对于物质链之规律性所产生的主观反映。

人的大脑把若干个概念有机地组合起来，并抽象出一个新的、更高层次的概念，就形成了定律，并主要采用第二信号系统（语言）表现出来。定律反映了人脑对于物质与物质之间的整体性联系及其运动与变化规律的认识，广义的"定律"包括狭义定义、公式、公理、定理、规律、推论、图表、化学方程式、规则等。

由于规律性是由多个整体性有机地组合而成，而概念是人脑对于物质体的整体性所产生的主观反映，定律是人脑对于物质链的规律性所产生的主观反映。因此，定律是由多个概念有机组合而成。

例如，"水往低处流"是由"水""低处""流动"等三个概念有机地组合起来的。又如，"能量转化守恒定律"是由"能量""转化""守恒"等三个概念有机地组合起来的。

四、理论

物质的第四层次是物质系，物质系的基本特性是系统性。物质系本身是不能直接被人脑所反映的，只有物质系的基本特性（系统性）才能被人脑所反映，并形成第四层次的认识。由此提出**理论**的概念：人脑对于物质系之系统性所产生的主观反映。

人的大脑把若干个定律有机地组合起来，并抽象出一个新的、更高层次的概念，就形成理论，并主要采用第二信号系统（语言）表现出来。理论反映了人脑对于定律与定律之间的系统性联系及其运动与变化规律的认识，广义的"理论"包括狭义理论、观点、主义、学科、学说、体系、论点、思潮等。

由于系统性是由多个规律性有机地组合而成，而理论是人脑对于物质系的系统性所产生的主观反映，定律是人脑对于物质链的规律性所产生的主观反映。因此，理论是由多个定律有机组合而成。例如，"几何学"是由众多几何定理、几何推论、几何公式等定律有机地组合起来的。

五、物质认识的层次结构及其逻辑关系

综上所述，物质认识可分为四个基本层次：印象、概念、定律与理论，其中，概念是由若干印象有机组合而成，定律是由若干概念有机组合而成，理论是由若干定律有机组合而成。

六、物质、物质特性与物质认识的对应关系

根据物质的层次结构、物质特性的层次与物质认识的层次结构，可以看出物质、物质特性与物质认识这三者的对应关系。

1. 物质面、属性与印象的对应关系

物质面是物质与其他物质之间的作用方式，属性是物质面与其他物质面之间发生相互作用时所呈现出来的特征与能力，印象是人脑对于物质面的属性的主观反映。简而言之，属性是物质面的基本特性，印象是属性的主观反映。

2. 物质体、整体性与概念的对应关系

物质体是物质与其他物质之间的作用方式的总和，整体性是物质体与其他物质体之间发生相互作用时所呈现出来的特征与能力的总和，概念是人脑对于物质体的整体性的主观反映。简而言之，整体性是物质体的基本特性，概念是整体性的主观

反映。

3. 物质链、规律性与定律的对应关系

物质链是由某种作用方式相联系的多个物质体所组成的物质群，规律性是物质链内部各物质体之间发生某种相互作用时所呈现出来的特征与能力，定律是人脑对于物质链的规律性的主观反映。简而言之，规律性是物质链的基本特性，定律是规律性的主观反映。

4. 物质系、系统性与理论的对应关系

物质系是由某种作用方式相联系的多个物质链所组成的物质系统，系统性是物质系内部各物质链之间发生某种相互作用时所呈现出来的特征与能力，理论是人脑对于物质系的系统性的主观反映。简而言之，系统性是物质系的基本特性，理论是系统性的主观反映。

综上所述，物质、物质特性与认识的各个层次之间存在着一一对应的逻辑关系。

物质、物质特性与物质认识的对应关系，如下图所示：

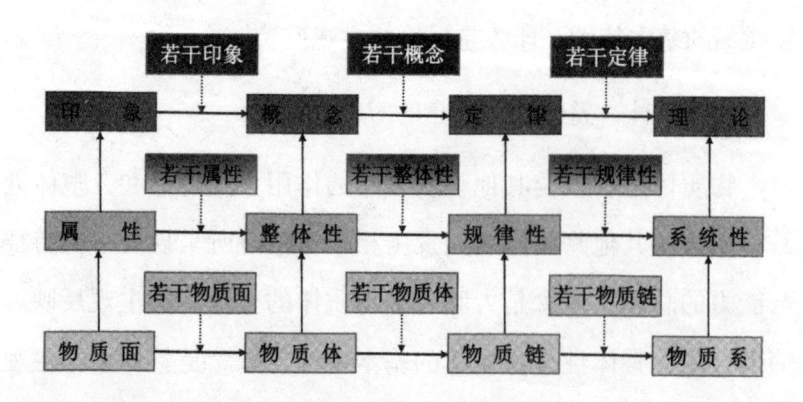

七、事物、事物特性与事物认识的对应关系

根据"实物、物质与事物的逻辑关系"可知，物质发展的更高层次是事物，事物是由物质（物）和物质特性（事）组成；事物还可以发展为复杂事物和超复杂事物，复杂事物是由事物与事物特性组成。

物质的层次结构是：物质面、物质体、物质链与物质系。同理，事物的层次结构是：事物面、事物体、事物链与事物系。

物质特性的层次结构是：属性、整体性、规律性与系统性。同理，事物特性的层次结构是：属性、整体性、规律性与系统性。事物特性相比物质特性的内容更为丰富、更为复杂。

物质认识的层次结构是：印象、概念、定理与理论。同理，事物认识的层次结构是：印象、概念、定理与理论。事物认识相比物质认识的内容更为丰富、更为复杂。

每个层次事物、事物特性与事物认识之间存在着一一对应的逻辑关系。

事物、事物特性与事物认识的对应关系，如下图所示：

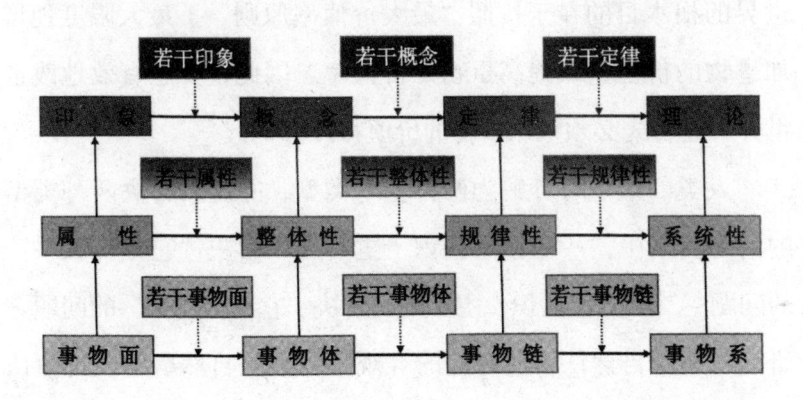

第五节 自然认识与价值认识

人们对于事物的认识通常包括两个部分的基本内容：它是什么？它有何用？辩证唯物主义认为，任何认识都是人脑对于客观事物的主观反映。因此，可以得知，世界上必然存在两种类型的问题、两种类型的事物和两种类型的认识。

一、两种类型的问题

人类的一切活动可以分为两种基本类型：一是认识世界，二是改造世界。其中，认识世界就是了解世界上所有事物的来龙去脉；改造世界就是按照有利于人类生存与发展的方向来改造所有事物。

统一价值论认为，价值是人类生存与发展的动力源，改造世界的根本目的在于按照"最大价值率原则"、最大限度地增加事物的价值量或提高事物的价值率。因此，要想有效地改造世界，就首先必须认识事物的价值特性。

人类的认识可分解为两种基本类型，并用以解决两种类型的问题。其中，一是自然认识，主要用以解决"它是什么？"的问题；二是价值认识，主要用以解决"它有何用？"的问题。研究表明，自然认识所对应的客观事物就是自然事物，价值认识所对应的客观事物就是价值事物。

二、两种类型的物质系统

世界上有两种类型的系统：一是非生命系统，二是生命系统。处在这两种类型系统中的事物具有完全不同的事物特性。非生命系统遵循物理学定律（"热力学第二定律"），它总是不断朝着"无序化"的方向发展；生命系统遵循"进化法则"，它总是不断朝着"有序化"的方向发展。

物理学家普利高津创立了"耗散结构论"，他认为，无论是生命系统还是非生命系统质，应该遵循同样的自然规律，生命的过程必然遵循某种复杂的物理定律。他认为，当物质系统处于"远平衡态"并存在"负熵流"的输入时，可能形成"稳定有序的耗散结构"。生命系统（包括人类社会）就是典型的"耗散结构"。也就是说，非生命系统在满足一定条件时，可以转化为生命系统。

进一步的研究表明，直接或间接"负熵流"的本质就是"价值"，它是由能量直接或间接转化而来，是能量的一种有序化方式。

总之，价值是生命系统生存与发展的动力源，它是生命系统中最根本、最重要的事物，价值特性是生命系统中最根本、最重要的事物特性。

三、两种类型的事物

两种类型的物质系统对应着两种类型的事物：由于"价值"是生命系统中最根本、最重要的事物，因此把生命系统中的事物称之为"价值事物";为区别起见,把非生命系统中的事物称之为"自然事物"。

1. 自然事物的层次结构

事物层次结构是:事物面、事物体、事物链、事物系。自然事物层次结构是:自然事物面、自然事物体、自然事物链、自然事物系。其中,若干自然事物面构成自然事物体,若干自然事物体构成自然事物链,若干自然事物链构成自然事物系。

2. 价值事物的层次结构

价值事物是一种特殊的事物,事物的层次结构是:事物面、事物体、事物链、事物系。价值事物的层次结构是:价值事物面、价值事物体、价值事物链、价值事物系。其中,若干价值事物面构成价值事物体,若干价值事物体构成价值事物链,若干价值事物链构成价值事物系。

四、两种类型的事物特性

两种类型的事物对应着两种类型的事物特性:由于"价值特性"是生命系统中最根本、最重要的事物特性,因而把生命系统中的事物特性称之为"价值特性";为区别起见,把非生命系统中的事物特性称之为"自然特性"。

1. 自然特性的层次结构

事物特性可分为属性、整体性、规律性与系统性,自然特性也可分为自然属性、自然整体性、自然规律性和自然系统性。

其中，若干自然属性构成自然整体性，若干自然整体性构成自然规律性，若干自然规律性构成自然系统性。

2. 价值特性的层次结构

价值特性是一种特殊的事物特性，由于事物特性可分为属性、整体性、规律性与系统性，因此价值特性也可分为价值属性、价值整体性、价值规律性和价值系统性。其中，若干价值属性构成价值整体性，若干价值整体性构成价值规律性，若干价值规律性构成价值系统性。

五、两种类型的认识

两种类型的事物特性对应着两种类型的认识：价值特性是生命系统中最根本、最重要的事物特性，因此"价值认识"是人类对于生命系统最根本、最重要的认识；为区别起见，把人类对于非生命系统的认识称之为"自然认识"。

1. 自然认识的层次结构

认识可分为印象、概念、定律、理论，因此自然认识可分为自然印象、自然概念、自然定律、自然理论。其中，若干自然印象构成自然概念，若干自然概念构成自然定律，若干自然定律构成自然理论。

2. 价值认识的层次结构

价值认识是一种特殊的认识，由于认识可分为印象、概念、定律、理论，因此价值认识可以分为价值印象、价值概念、价值定律（或社会定律）与价值理论（或社会理论）。其中，若干价值印象构成价值概念，若干价值概念构成价值定律，若干价值定律构成价值理论。

价值印象：人脑对于价值属性的主观反映。如人脑对于某事物的有益性、危害性、风险性等属性所产生的价值印象。

价值概念：人脑对于价值整体性的主观反映。价值概念反映了人脑对于事物的价值特性（如价值量、价值率、价值率高差等）的整体性认识。"价值观念"的涵义很广泛，包括各种自然事物、社会事物及人类自身的价值观念，即自然价值观、社会价值观与人生观。

价值定律（或社会定律）：人脑对于价值规律性的主观反映。价值定律反映了人脑对于各个价值概念的整体性认识。价值定律向各个社会领域进行延伸，就可以发展成为各种不同形式的社会定律。"社会定律"的涵义很广泛，包括各种社会领域方面的公式、定理、规律、推论、图表、规则等。例如，"商品交换等价规律"是由"商品""交换""等价"三个价值概念有机地组合起来的。

价值理论（或社会理论）：价值理论是人脑对于价值系统性的主观反映。价值理论反映了人脑对于各个价值定律的系统性认识。价值理论向各个社会领域进行延伸，就可以发展成为各种不同形式的社会理论。"社会理论"的涵义很广泛，包括各种关于人类社会与历史方面的观点、主义、学科、学说、体系、论点、思潮等。例如，"经济学"是由众多经济学定理、经济学规律、经济学推论、经济学公式等经济学定律有机地组合起来的。

六、两种类型的逻辑关系

两种类型的事物分别对应着两种类型的事物特性，并分别对应着两种类型的认识，它们各自有其一一对应的逻辑关系。

1. 自然事物、自然特性与自然认识的逻辑关系

自然事物是事物中的一种类型，根据"事物、事物特性与认识的对应关系"，自然事物、自然特性与自然认识的对应关系，如下图所示：

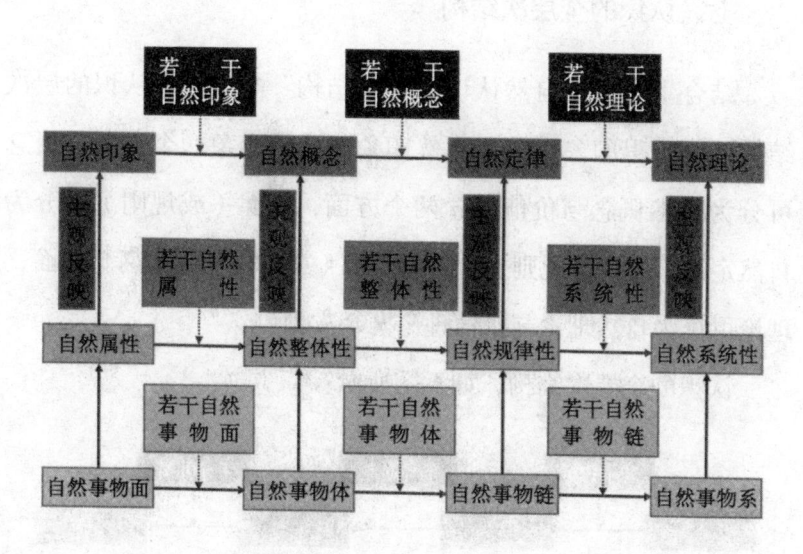

2. 价值事物、价值特性与价值认识的逻辑关系

价值事物是事物中的一种类型，根据"事物、事物特性与认识的对应关系"，价值事物、价值特性与价值认识的对应关系，如下图所示：

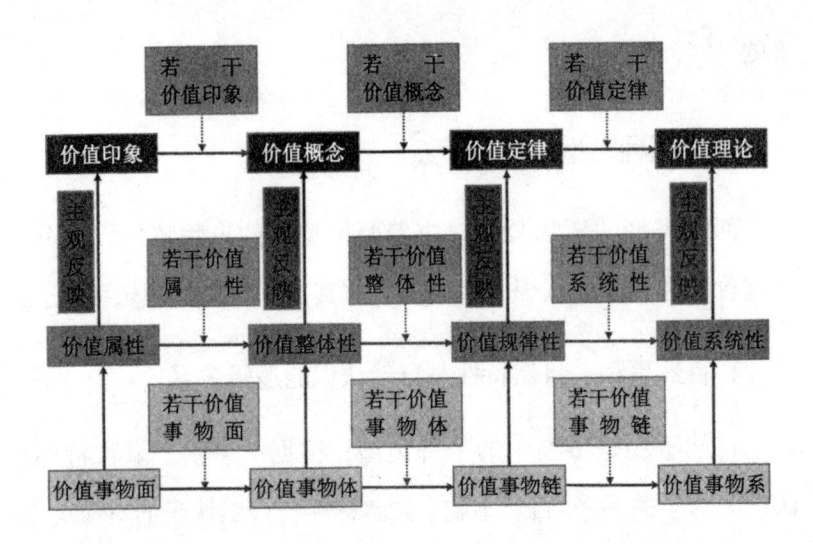

七、认识的全层次结构

结合上述的"自然认识的层次结构"与"价值认识的层次结构",可得印象可分为自然印象与价值印象两个方面,概念可分为自然概念与价值概念两个方面,定律(或规则)可分为自然定律(或自然规则)与价值定律(或价值规则)两个方面,理论可分为自然理论与价值理论两个方面。

认识的全层次结构,如下图所示:

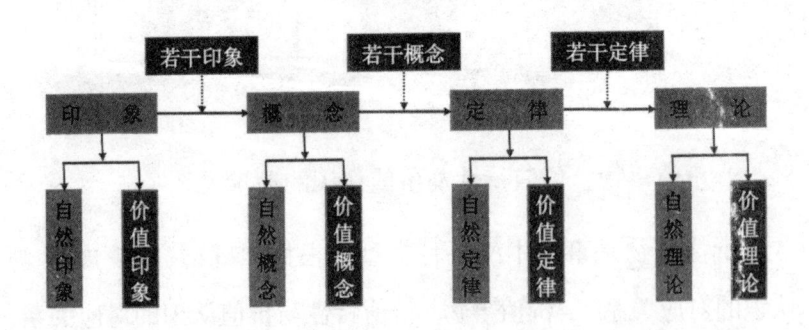

第二章 意识的逻辑过程

目前的心理学存在着若干严重的缺陷，具体表现在：对于感、知、情、意等的概念定义是矛盾而多义的；对于感、知、情、意之间相互关系的理论阐述是主观而模糊的；对于感、知、情、意等心理职能的分析是牵强附会的，缺乏逻辑的严密性和体系的自洽性。整个心理学与认识科学都存在着零散性、主观性和模糊性，缺乏系统性、客观性和精确性。

研究表明，人的意识可分为四种基本形式：感、知、情、意（感觉、认知、情感、意志），分别是人脑对于事物的存在特性、事实特性、价值特性和行为特性的主观反映，分别用以解决"有什么""是什么""有何用""怎么办"的问题，他们既相互独立，又相互影响、相互促进，共同组成一个完整的、有机的、遵循严格逻辑程序的主观意识系统。

第一节 感觉与存在特性

感觉是人脑对于低层次的物质特性所产生的主观反映，它也是最低层次的认识形式，其客观目的在于为认知、评价及意志提供原材料。

一、存在特性与事实特性

物质特性可分为四个基本层次：属性、整体性、规律性与系统性。在这四个层次的物质特性中，属性与整体性是能够通过人的感觉器官直接感知到的物质特性，而规律性与系统性是只能通过人的思维器官间接了解到的物质特性。为此提出"存在特性"与"事实特性"的概念。

存在特性：能够通过人的感觉器官直接观察到的物质特性，包括属性与整体性两个方面；**事实特性**：只能通过人的思维器官间接了解到的物质特性，包括规律性与系统性两个方面。

物质特性的分类，如下图所示：

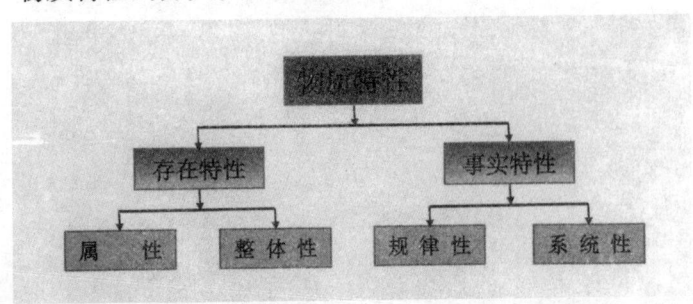

二、感觉的两个阶段

感觉可分解为两个阶段：感受阶段与知觉阶段。

感受阶段。对于物质属性的认识阶段，就是感受阶段。在感受阶段，外部刺激信号或内部刺激信号经过相应的感受器，转化为生物电信号。

知觉阶段。对于物质整体性的认识阶段，就是知觉阶段。在知觉阶段，感受器所产生的刺激信号在传导至大脑皮层的过程中，要经过加工处理，而这本应属于认知过程的职能。

但是，由于这种处理只对感觉进行初步的、粗糙的分析与综合，因而把它划归于感觉阶段。实际上，知觉阶段是联系感受阶段与认知阶段的桥梁，同时兼有感受的职能与认知的部分职能。

三、感受的基本职能

人类的感受是在生物的刺激感应性的基础之上逐渐进化而来的，感受是意识的初级阶段，它为人类的认知、情感及意志等意识活动提供原材料。

感受器种类繁多，形态、功能各异。有接触外界环境的皮肤内的触觉、痛觉、温度觉和压觉等感受器，也有位于身体内部的内脏和血管壁内的感受器。有接受物理刺激，如光波、声波等的视觉、听觉感受器，也有接受化学刺激的嗅觉、味觉等感受器。感受的基本职能有两个：

一是换能作用。把刺激形式所对应的能量形式转换成传入神经末梢或感受细胞的生物电能量。例如，听觉器官将声波能量转换成生物电能量；视觉器官将光波能量转换成生物电能量；皮肤将声波机械能、热能等转换成生物电能量；嗅觉器官和味觉器官将各种物质的化学能量转换成生物电能量。

二是编码作用。感受器将外界刺激转变成神经动作电位的序列，同时也实现了编码；中枢神经根据这些电信号序列获得对外在世界的认识。感受器的编码可分为刺激性质的编码与刺激强度的编码。

四、知觉的基本职能

知觉是生命体对于感受信号进行的初步的、粗糙的处理，其基本职能有七个：

1. 整体性知觉。知觉的对象往往是由不同属性的许多部分组成的，人们在知觉它时却能把它们主观地联系成一个整体，知觉的这一特性就是知觉的整体性（或完整性）。例如，一株绿树上开有红花，绿叶是一部分刺激，红花也是一部分刺激，我们将红花绿叶组合起来，在心理上所得的美感知觉，超过了红与绿两种物理属性之和。知觉并非感受信息的机械相加，而是源于感受又高于感受的一种认识活动。

2. 持续性知觉。知觉的对象如果是若干个间断的、不持续的事物，人们在知觉它时却能把它们与时间主观地联系起来，从而联系成一个持续进行的运动性事物。例如，电影或电视的运动画面就是由若干个静止画面所组成，人们在观看电影或电视时，能够把这些静止性画面主观地与时间起来，从而构成一幅幅生动的运动性画面。不难理解，持续性知觉实际上是人对于物质在运动属性上的整体性知觉。

3. 经验性知觉。知觉的对象如果是曾经感受过多次的事物，那么，该事物重新出现时，人对于它的知觉往往会受到原来知觉情况的影响。有时，尽管该事物的本身或环境已经发生了变化，但是，人们对于它的知觉往往会保持原来的特性。不难理解，经验性知觉实际上是为了消除环境因素变迁对于整体性知觉的干扰。

4. 恒常性知觉。在不同的角度、不同的距离、不同明暗度的情境之下，观察某一熟知物体时，虽然该物体的物理特征（大小、形状、亮度、颜色等）因受环境影响而有所改变，但我们对物体特征所获得的知觉经验，却倾向于保持其原样不变的心理作用，这就是恒常性知觉。例如，从不同距离看同一个人，由于距离的改变，投射到视网膜上的视像大小有差别，但我们总是认为大小没有改变，仍然依其实际大小来知觉他。不难理解，恒常性知觉实际上是为了消除观察角度变迁对于整体性知觉的干扰。

5. 组织性知觉。在感受资料转化为心理性的知觉经验过程中，显然要对这些资料进行一番主观的选择处理，这种主观的选择处理过程是有组织性的、系统的、合于逻辑的，而不是紊乱的，这就是组织性知觉。知觉的组织法则主要有如下四种：相似法则、接近法则、闭合法则、连续法则。不难理解，组织性知觉实际上是为了更好地参照以前对于其他相似物质的整体性知觉的历史经验。

6. 选择性知觉。某事物一旦被选为知觉对象，就好像立即从背景中凸显出来，被认识得更鲜明、更清晰，这就是选择性知觉。一般情况下，面积小的比面积大的、被包围的比包围的、垂直或水平的比倾斜的、暖色的比冷色的，以及同周围明晰度差别大的东西都较容易被选为知觉对象。影响知觉选择性的因素有刺激的变化、对比、位置、运动、大小程度、强度、反复等，还受经验、情绪、动机、兴趣、需要等主观因素影响。不难理解，选择性知觉实际上是为了把某些主观引导因素与客观制约因素适当地添加到人对于物质整体性的知觉中。

7. 相对性知觉。形象与背景相互强化就是相对性知觉。形象是指视觉所见的具体刺激物，背景是指与具体刺激物相关联的其他刺激物。由于形象与背景的彼此影响，致使两个刺激所引起的知觉上的差异特别明显。如大胖子和小瘦子两人相伴出现，会使人产生胖者益胖、瘦者益瘦的知觉。不难理解，相对性知觉实际上是为了把某些相关物质之间的影响因素适当地添加到人对于物质整体性的知觉中。

五、感觉与存在特性的逻辑关系

存在特性可分为属性与整体性两个方面，感觉可分为感受与知觉两个方面。其中，感受是人对于属性的主观反映，其语言表现形式是印象；知觉是人对于整体性的主观反映，其语言表现形式是概念。

感觉与存在特性的逻辑关系，如下图所示：

第二章　意识的逻辑过程

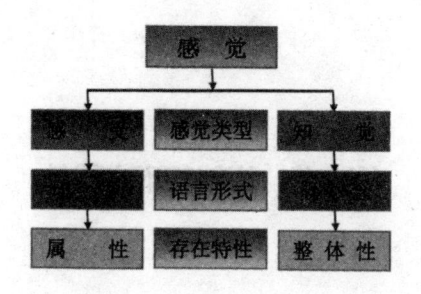

```
          感　觉
         ／  ｜  ＼
    感　受  感觉类型  知　觉
      ↓      ↓      ↓
    ［　　］ 语言形式 ［　　］
      ↓      ↓      ↓
    属　性  存在特性  整体性
```

第二节　认知与事实特性

人通过感觉方式形成了对于物质属性与物质整体性的初步认识。随着人对于多种物质整体性认识的不断积累，人们通过归纳、总结和抽象的方式，逐渐发现了许多物质整体性之间存在着某种关联性，这就形成了更高层次的认识。

一、认知的本质

物质特性可分为四个基本层次：属性、整体性、规律性与系统性。其中，属性与整体归属于存在特性，规律性与系统性归属于事实特性。感觉是人对于存在特性的认识。由此提出**认知**的概念：人对于事实特性（包括规律性与系统性）所产生的主观反映。

二、认知与事实特性的逻辑关系

事实特性可分为规律性与系统性两个方面，认知可分为规律性认知与系统性认知两个层次。其中，规律性认知是人对于规律性的主观反映，其语言表现形式是"定律"；系统性认知是人对于系统性的主观反映，其语言表现形式是"理论"。

认知与事实特性的逻辑关系，如下图所示：

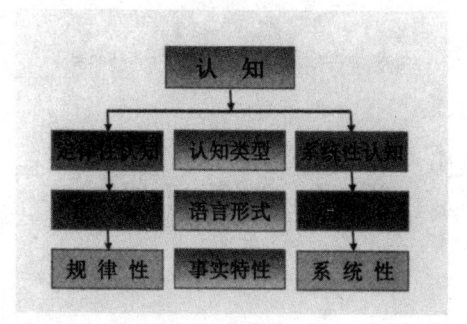

三、认识的分类

根据以上的分析，认识可分为感觉与认知两个方面。

感觉：人脑对于物质存在特性的主观反映，可分为感受与知觉两个部分。其中，感受是人脑对于物质属性的主观反映，知觉是人对于物质整体性的主观反映。

认知：人脑对于物质事实特性的主观反映，可分为规律性认识与系统性认知两个部分。其中，规律性认知是人脑对于物质规律性的主观反映，系统性认知是人脑对于物质系统性的主观反映。

认识的分类，如下图所示：

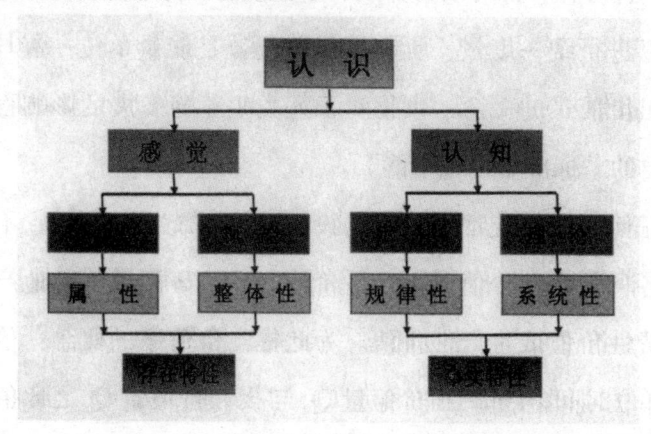

第三节 评价与价值特性

人通过认知过程,已经解决了事物"是什么?"的问题。下一步,人应该通过评价过程,解决"有何用?"的问题,从而为意志过程解决"怎么办?"的问题做准备。人的评价方式主要有三种:需要、价值观与情感,它们分别对应着事物价值的三种特性参量。

一、价值特性的三种特性参量

从社会学的角度来看,价值是人类生存与发展的动力源;从物理学角度来看,价值是推动物质系统有序化发展的"负熵流";统一价值论认为,价值是"广义有序化能量"。价值的形式多种多样,都可以折算成一定数量的"标准生物化学能",并可以进行统一度量,且其度量单位就是能量单位:焦耳。为此提出**价值量**的概念:事物对于人类生存与发展的影响程度所折算出的"标准生物化学能"。

任何生命系统都是价值的投入产出系统,一方面它不断地投入各种消费性价值或生产性价值,另一方面又不断地产出各种消费性价值或生产性价值。为此提出**价值率**的概念:价值系统在单位时间内所产出价值量 Q_o 与投入价值量 Q_i 之比值,称为价值率,用 Ψ 来表示,即:

$$\Psi = Q_o / (Q_i \times T)$$

式中，Q_o 为产出价值量，Q_i 为投入价值量，T 为时间。

价值增长率：价值系统在单位时间内价值增量 ΔQ 与投入价值量 Q_i 之比值，用 Z 来表示，即：

$$Z = \Delta Q / (Q_i \times T)$$

中值价值率：生命系统在某一时间范围内和空间范围内的平均价值率，用 Ψ_o 来表示。

"中值价值率"是人类主体一个最重要的价值特性，它反映了主体的综合价值创造能力。根据"中值价值率分界定律"，主体将会以它作为参照标准，以此决定价值投入的基本方向。

价值率高差：事物的价值率 Ψ 与主体的中值价值率 Ψ_o 之差值，用 $\Delta \Psi$ 来表示，即：

$$\Delta \Psi = \Psi - \Psi_o$$

"价值率高差"是事物很重要的价值参量，根据"价值率高差分界定律"，主体将会以它作为参照标准，以此决定对于该事物价值投入的基本方向。

总之，价值特性的三种特性参量分别是：价值量、价值率与价值率高差。

二、评价的三种基本类型

价值特性的三种基本特性参量（价值量、价值率与价值率高差）作为客观存在，必然会被人的主观意识所反映，并形成相应的评价形式（需要、价值观与情感）。

1. 需要的数学定义

"需要"属于主观范围，人需要什么，往往通过语言、表情、行动等方式表现出来。辩证唯物主义认为，任何主观事物都是人脑对于客观事物的反映。反过来，任何客观事物都有一定的主观事物与之相对应。事实上，需要的根本目的在于人的生存与发展，需要的满足过程实际上就是人的生存与发展过程。而价值是人的一切生命活动的动力源，也是人类生存与发展的动力源，人的一切需要在根本上都是对于价值的需要。为此提出**需要**的数学定义：事物的价值量在人脑中的主观反映。

显然，需要与价值量的关系在本质上就是主观与客观、意识与存在的关系。

2. 价值观的数学定义

根据"统一价值论"的"**最大价值率法则**"：事物的价值率越高，该事物的价值收益率就越大，人就会扩大对其的价值投入规模；相反，事物的价值率越低，该事物的价值收益率就越小，人就会缩小对其的价值投入规模。总之，"价值率"是所有事物很重要的价值参量，既决定着主体对于该事物的根本态度，也决定着该事物的生存命运。事物的价值率作为一种重要的客观存在，必然会反映到人脑中。

价值观的数学定义：事物的价值率在人脑中的主观反映。

显然，价值观与价值率的关系在本质上就是主观与客观、意识与存在的关系。

3. 情感的数学定义

根据"统一价值论"的"**最大价值率高差法则**"：事物的价值率高差越大，该事物的价值收益率就越大，人就会扩大对其的价值投入规模；相反，事物的价值率高差越低，该事物的价值收益率就越小，人就会缩小对其的价值投入规模。总之，"价值率高差"是所有事物很重要的价值参量，既决定着主体对于该事物的根本态度，也决定着该事物的生存命运。事物的价值率高差作为一种重要的客观存在，必然会反映在人脑中。

情感的数学定义：事物的价值率高差在人脑中的主观反映。

显然，情感与价值率高差的关系在本质上就是主观与客观、意识与存在的关系。

归纳起来，三种基本的评价方式分别对应着三种基本的价值特性参量。

评价的三种基本类型，如下图所示：

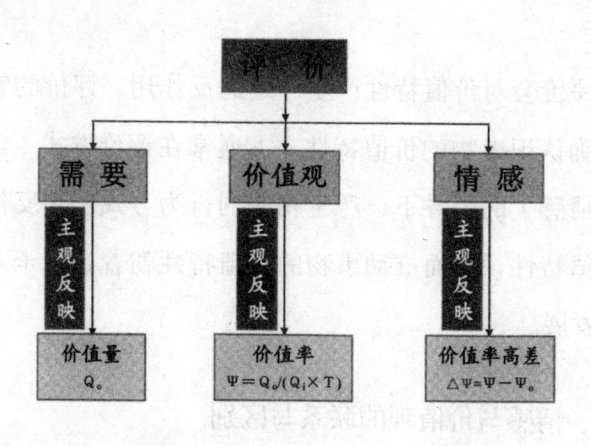

```
                    评 价
         ┌───────────┼───────────┐
        需要        价值观        情感
         │           │           │
        主观        主观        主观
        反映        反映        反映
         │           │           │
       价值量       价值率      价值率高差
        $Q_o$    $Ψ=Q_o/(Q_i×T)$  $△Ψ=Ψ-Ψ_o$
```

三、评价与价值特性的关系

评价与价值特性的关系在本质上就是主观与客观、意识与存在的关系。根据辩证唯物主义的观点，主观是人脑对于客观的反映，客观决定主观，但是主观具有一定相对独立性，并可以对客观产生一定的反作用。为此提出**评价**的数学定义：事物的价值特性参量（价值量、价值率、价值率高差）在人脑中的主观反映。由此可知：

1. 价值特性决定评价。不同的人对于同一事物往往会产生不同的需要、价值观和情感（不同的评价），这是因为同一事物对于不同的人往往具有不同的价值特性。也就是说，事物有什么样的价值特性，在根本上就决定了人对于它拥有什么样的评价。

2. 评价具有相对独立性。人对于某事物的需要、价值观与情感一旦建立起来，往往会相对独立地运行，并会在一定程度上脱离事物价值特性的运动与变化。例如，人往往会怀念已经逝世的亲人与朋友，尽管他们之间曾经建立的价值关系已经不存在了。

3. 评价会对价值特性产生一定的反作用。评价的客观目的在于正确认识事物的价值特性，人通常在评价方式（需要、价值观与情感）的引导下，产生相应的行为方式，并反作用于事物的价值特性，从而推动事物的价值特性朝着有利于人类生存的方向发展。

四、情感与价值观的联系与区别

情感与价值观的联系与区别主要表现在：

一是情感与价值观具有相同的层次结构，且每一个层次之间具有相同的逻辑关系。

二是情感是对事物价值特性的间接反映，而价值观是对事物价值特性的直接反映。

三是情感是人对事物价值特性的相对性认识，而价值观是人对事物价值特性的绝对性认识。

四是由于事物的实际价值率会随着环境条件的变化而变化，因此人的情感通常是多变的；由于价值观所反映的事物的价值率通常基于正常的环境条件或平均的环境条件，因此人的价值观通常是相对稳定的。

五是人的中值价值率是一个相对稳定的值，其情感系统与价值观系统通常"平行""同向"地运动与变化。

六是人的情感在平时处于"沉寂"状态，以便于节省能量与价值，只有到了事物的价值率偏离主体的中值价值率时，人的情感才开始激发，而人的价值观则一直处于"觉醒"状态。

七是人的行为驱动力通常是通过情感为直接诱因产生的，价值观通常不直接为主体的行为和思维活动提供驱动力，而是通过影响人的情感来间接地对行为驱动力产生影响。

第四节　意志与行为特性

心理学认为，意志是人自觉地确定目的，并支配行动，克服困难，实现目的的心理过程，意志的根本作用在于有意识、有目的、有计划地调节和支配自己的行为。由此可见，意志与行为之间存在一种紧密的、内在的逻辑联系。

一、行为特性与价值特性

价值特性是指事物对于人类主体的生存与发展所产生的推动作用。然而，事物之间的作用通常是相互的，在事物作用于人类主体的过程中，必然会引起人类主体对于事物（客体）的反作用，从而进一步地、持续地推动人类主体的生存与发展。由此提出**行为特性**的概念：人类主体对于事物的反作用，以进一步推动人类主体的生存与发展。

主体与客体之间的相互作用可以分为两个相反的方面：一个是客体对主体的作用；另一个是主体对客体的反作用。主体与客体之间的作用与反作用相互促进、相互依赖、互为前提、共同发展。

价值特性反映了客观事物对于主体生存与发展所产生的作用过程，行为特性则反映了人对于客观事物的反作用过程。行为特性体现了主体的能动性，反映了主体运用自己的本质力量对客体施加反作用力，创造新价值的过程，价值增值是行为特性的核心内容，也是价值特性与行为特性的根本差异之所在。

任何价值特性既需要消费，也需要生产，才能持续地存在和发展下去。如果没有价值生产，价值特性就会成为无源之水；如果没有价值消费，价值特性将会变得毫无意义。

人通过实践活动进行价值生产，使实践活动具有价值增值的特征，行为特性可以看作是一种特殊的、能够产生价值增值的价值特性。

二、意志的本质

人类主体自身的行为特性作为一种特殊的事物，必然会反映在人脑中，人脑对于自身的行为特性的主观反映就是意志，它构成人的主观意识的第四种基本形式。由此提出**意志的本质**：人脑对于自身的行为特性所产生的主观反映。

意志是人对于自身行为特性的主观反映，其客观目的在于引导、控制和修正自己的行为特性，使之能够有效地约束自己的一切行为活动，正确地利用自身的脑力、体力和生理力，正确地支配自己的各种价值资源，并投入到正确的事物之中，使之产生最大的价值增长率。

意志既要考虑客观事物本身的运动状态与变化规律，还要考虑主体的利益需要，尤其要考虑人对于客观事物的反作用能力，它是一种能动的、创造性的反映活动。意志包括宏观目标的决策、整体规划的设计、实施细则的制订、具体行为的运行、行为模式的修正等五个方面。意志的基本功能就在于引导人们如何正确地认识自己的行为、实施自己的行为，计算自己的行为，利用自己的行为、创造性地调整和修正自己的行为。

三、意志的数学定义

行为特性是一种特殊的价值特性，而价值特性的基本参量有三个：价值量、价值率与价值率高差。

行为是一种特殊的事物，同样服从"**最大价值率高差法则**"：行为的价值率高差越大，该行为的价值收益率就越大，人就会扩大对其的价值投入规模；相反，行为的价值率高差越低，该行为的价值收益率就越小，人就会缩小对其的价值投入规模。

总之，"价值率高差"是所有行为很重要的价值参量，既决定着主体对于该行为的根本态度，也决定着该行为在选择与实施过程中的先后顺序。"行为价值率高差"作为一种重要的客观存在，必然会反映在人脑中。由此提出**意志**的数学定义：行为的价值率高差在人脑中的主观反映。

显然，行为的价值率高差越大，人对于该行为的意志强度就越高。根据"最大价值率"法则，人总是优先选择和实施具有最大价值率高差的行为模式，以实现价值资源的最大增长率。

四、意志运行的逻辑程序

意志运行主要包括以下逻辑程序：

1.情感计算系统。其基本功能是计算出每个事物的价值量、价值率与价值率高差，包括事物分析器、事物综合器、需要数据库、价值观数据库、情感数据库、价情转换器、合并情感计算器等。

2.行为适配系统。其基本功能是针对每一个行为模式匹配最佳的行为通道、行为工具与行为对象，包括超复杂行为适配器、复杂行为适配器、简单行为适配器、具体动作适配器等。

3.意志计算系统。其基本功能是计算出各个行为模式的价值量、价值率与价值率高差，包括行为分析器、行为综合器、行为价值观数据库、意志数据库、价意转换器、合并意志计算器等。

4.行为编码系统。其基本功能是完成各种行为模式的程序编码，包括超复杂行为编码器、复杂行为编码器、简单行为编码器、具体动作编码器等。

5.行为控制系统。其基本功能是组织与调控各种行为模式，主要包括比较器、激发器、平衡器、排序器、监控器等。

五、意志与情感的关系

意志与情感的关系主要表现在：

意志是一种特殊的情感。意志是人脑对于自身的行为特性的主观反映，人通过行为活动进行价值生产，使行为活动具有价值生产的特征，因此行为特性可以看作是一种特殊的、能够价值转化与价值增值的价值特性，而价值特性在的人脑中的主观反映就是情感，因此意志是一种特殊的情感。

情感是人脑对于事物价值特性的相对性评价，因此意志是人脑对于行为价值特性的相对性评价。

情感的基本功能是帮助人类如何正确地识别价值、表达价值、计算价值、消费价值与创造价值；意志的基本功能是帮助人类如何正确地利用自己的行为、控制自己的行为和修正自己的行为，使自己的行为能够符合最大价值率法则。

第五节　感、知、情、意及其逻辑关系

感、知、情、意（感觉、认知、情感、意志）作为人类四种基本的心理活动，它们既相互独立，又相互影响、相互促进，共同组成了一个完整的、有机的主观意识系统。显然，感、知、情、意是属于主观范畴的东西，都是人的主观意识形式。

一、事物特性与主观反映形式的逻辑关系

事物特性可分为四个基本层次：存在特性、事实特性、价值特性与行为特性；它们所对应的主观反映形式（意识）也可分为四个基本层次：感觉、认知、评价与意志。

事物特性与主观反映形式的逻辑关系，如下图所示：

二、意识的基本分类

人类的实践活动可以大概分为认识世界与改造世界两大类型。人的意识可以大概分为自然认识与价值认识两大类型。其中，自然认识（认识）是人脑对于自然特性的主观反映，可分

为感觉与认知两个方面，其核心目的在于认识世界；价值认识可分为评价与意志两个方面。其中，评价是人脑对于一般价值特性的主观反映，包括需要、价值观与情感三个方面；意志是人脑对于行为特性的主观反映。评价与意志共同驱动人的行为，其核心目的在于改造世界；改造世界的活动又反过来推动认识世界的活动。

意识的基本分类，如下图所示：

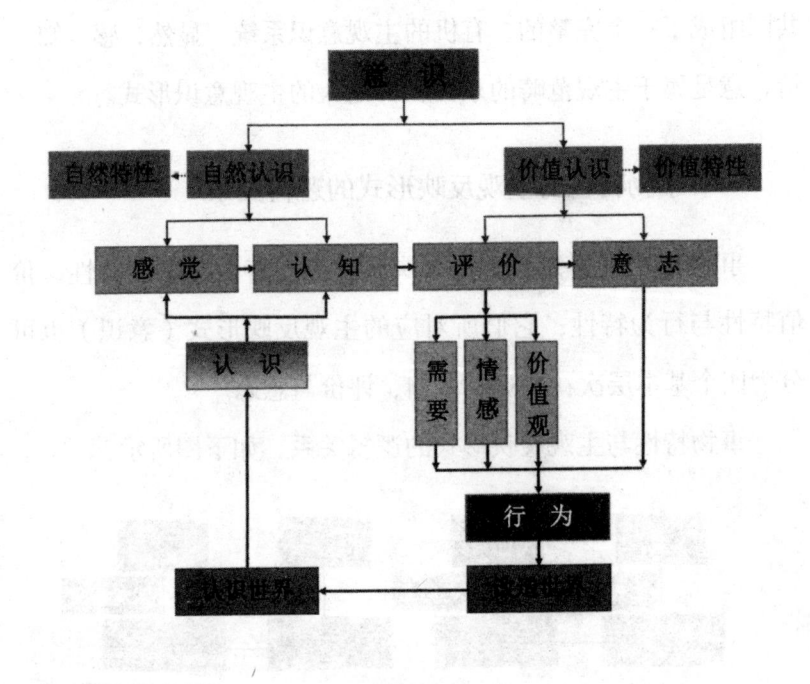

```
                       意识
         ┌──────────────┴──────────────┐
    ┌────┴────┐                   ┌────┴────┐
 自然特性─自然认识              价值认识─价值特性
    ┌────┴────┐                   ┌────┴────┐
   感觉      认知                评价       意志
    │                        ┌────┼────┐
   认识                     需要 情感 价值观
                              └────┬────┘
                                  行为
     认识世界 ←─────────────── 改造世界
```

三、感知情意的相互作用

感、知、情、意是人类认识世界的四种基本心理活动形式，它们分别是人脑对于存在特性、事实特性、价值特性、行为特性所产生主观反映，四者相互配合、相互制约、相互促进、共同发展，它们之间的交互作用主要表现在四个方面。

1. 基础作用

（1）感觉对于认知的基础作用。感觉为认知提供基础的素材，感觉是认知的源泉，认知的过程实际上就是对于感觉所形成的素材进行加工。感觉的素材越丰富，认知的结果就越全面；感觉的素材越细致，认知的结果就越精确。

（2）认知对于情感的基础作用。认知为情感提供基础的素材，认知是情感的源泉，情感的过程实际上就是对于认知所形成的素材进行加工。认知的素材越丰富，情感的结果就越全面；认知的素材越细致，情感的结果就越精确。

（3）情感对于意志的基础作用。情感为意志提供基础的素材，情感是意志的源泉，意志的过程实际上就是对于情感所形成的素材进行加工。情感的素材越丰富，意志的结果就越全面；情感的素材越细致，意志的结果就越精确。

2. 引导作用

（1）意志对于情感的引导作用。由于任何行为都会对应着许多相关的事物（包括行为主体、行为环境与行为对象等），意志对于行为价值特性的引导必然会包含或涉及对于事物价值特性的引导，因而意志对于行为的引导必然会包含或涉及对于情感（或价值）的引导。例如，人会对那些与自己的价值目标、整体规划、实施细则等存在较高相关性的事物，产生较高的情感强度；对那些与自己的价值目标、整体规划、实施细则等存在较低相关性的事物，产生较低的情感强度。

（2）情感对于认知的引导作用。由于任何价值都会对应着许多相关的事物（包括价值主体、价值环境与价值对象等），情感对于事物的价值特性的引导必然会包含或涉及对于事物的一般特性的引导，因而情感对于价值的引导必然会包含或涉及对于认知（或事实）的引导。例如，对与自己存在较强利益相关性的事物（如理论、观点、证据、规律、数据等），人将会形成较高的敏感性，并会优先进行认知；对于那些利益相关性较弱的事物，人将会形成较低的敏感性，往往不感兴趣，甚至是熟识无睹。

（3）认知对于感觉的引导作用。任何事物的一般属性都会与事物的存在属性有着直接或间接的联系，情感对于事物的一般属性的引导必然会包含或涉及对于事物的存在属性的引导，因此对，认知对于事实的引导必然会包含或涉及对于感觉（或存在）的引导。例如，对那些与自己形成直接联系的物理化学现象、自然现象（如声音、色彩、人物、物品等），人将会具有较高的敏感性，并会优先进行感觉；对于那些与自己没有直接联系的物理化学现象、自然现象，人将会具有较低的敏感性。

3. 修正作用

（1）意志对于情感的修正作用。由于任何行为都会对应着许多相关的事物（包括行为主体、行为环境与行为对象等），对于行为价值特性的认知修正必然会包含或涉及对于事物价值特性的认知修正，因而对于意志（或行为）的修正必然会包含或涉及对于情感（或价值）的修正。

（2）情感对于认知的修正作用。由于任何价值都会对应着许多相关的事物（包括价值主体、价值环境与价值对象等），对于事物价值特性的认知修正必然会包含或涉及对于事物一般属性的认知修正，因而对于情感（或价值）的修正必然会包含或涉及对于认知（或事实）的修正。

（3）认知对于感觉的修正作用。任何事物的一般属性都会与事物的存在属性有着直接或间接的联系，对于事物一般属性的认知修正必然会包含或涉及对于事物存在属性的认知修正，因而对于认知（或事实）的修正必然会包含或涉及对于感觉（或存在）的修正。

4. 预测作用

（1）意志对于情感的预测作用。由于任何行为都会对应着许多相关的事物（包括行为主体、行为环境与行为对象等），对于行为价值特性的预测必然会包含或涉及对于事物价值特性的预测，因而对于意志（或行为）的预测必然会包含或涉及对于情感（或价值）的预测。当某一专业技术培训的计划制订并开始实施以后，必然引发自己在专业水平、社会地位、薪酬待遇等方面一系列的变化。

（2）情感对于认知的预测作用。由于任何价值都会对应着许多相关的事物（包括价值主体、价值环境与价值对象等），对于事物价值特性的预测必然会包含或涉及对于事物一般属性的预测，因而对于情感（或价值）的预测必然会包含或涉及对于认知（或事实）的预测。例如，当职务得到升迁以后，自己在同事、朋友及亲人之中，将会具有更多的话语权，更多的发展空间。

（3）认知对于感觉的预测作用。任何事物的一般属性都会与事物的存在属性有着直接或间接的联系。对于事物一般属性的预测必然会包含或涉及对于事物存在属性的预测，因而对于认知（或事实）的预测必然会包含或涉及对于感觉（或存在）的预测。例如，根据天体运动的规律推算出来，在未来的某一时刻人们将会观察到日食或月食现象。

第三章 价值观的理论模型

价值观是人类意识的重要内容，价值观对抗是认知对抗的重要内容，因而建立价值观的理论模型，以实现价值观的客观性、系统性和精确性分析，在此基础上深刻揭示价值观的运动与变化规律，具有十分重要的意义。

然而，长期以来，人们对于价值观的研究基本上停留在定性分析的阶段，对于价值观的认识具有明显的肤浅性、主观性、片面性、模糊性，严重缺乏客观性、深刻性、系统性与精确性。

人的一切行为基本上都是在价值观的指导下完成的，许多个体行为现象在本质上都是个体价值观运行的结果，许多社会现象在本质上都是社会价值观运行的结果，许多社会规律在本质上都价值观运动规律的具体体现，因而如果能建立科学的价值观理论模型，并实现价值观的客观性、深刻性、系统性与精确性分析，必将是认知科学与整个社会科学的重大突破。

第一节　价值观的数学描述

对价值观进行数学描述和逻辑运算，这看起来是十分荒唐的想法。长期以来，人们被价值观的神秘外衣所迷惑，并束缚于传统的研究方法和研究思路，找不到价值观研究的突破口，从而形成了对于价值观的模糊性、主观性与片面性认识。事实上，世界上没有不能认识的客观事物及其规律性。只要采用了正确的研究方法和研究思路，真正把握了价值观的本质特征，对价值观进行数学描述和逻辑运算就完全能够实现。

一、价值观的传统理解

目前，理论界对于价值观的理解是：价值观是基于人的一定的思维感官之上而作出的认知、理解、判断或抉择，从而确定人对于客观事物（包括人、物、事）及对自己的行为结果的意义、作用、效果和重要性的总体评价。它是推动并指引一个人采取决定和行动的原则、标准，是个性心理结构的核心因素之一；它是分辨真善美（或假恶丑）的心理倾向体系；价值观对动机有导向作用，同时反映人们的认知和需求状况。

不难理解，"意义""作用""效果""重要性"的核心内容就是"价值"，因此价值观的本质就是"对于价值的观念体系"。研究表明，价值主要有三种特性参量：价值量、价值率与价值率高差。因此，价值观的核心内容就是人对于价值的某些特性参量所产生的主观反映。

二、价值观的本质与客观目的

观念是人类主体（个人、集体或社会）对客观事物的主观反映或主观意识，人类主体通过观念来认识各种事物之间的相互联系与相互作用，并掌握各种事物运动与变化的客观规律。客观目的指导人类主体的实践活动，以减少实践活动的无效性和盲目性，提高实践活动的有效性和目的性，以最大限度地提高人类主体的本质力量。

价值观是一种特殊的观念，是人类对于"价值"的观念。人类主体通过价值观来指导其实践活动，并按照自己的客观需要对不同的事物采取不同的选择倾向、原则立场和行为取向，从而达到最大的价值效应。一个人所拥有的价值资源是有限的，为了最大限度地发展自己的本质力量，任何人都必须对所拥有的价值资源进行合理配置，这就需要以"价值观"的形式来对各种事物的价值特性进行认识和分析，从而引导和控制人把有限的价值资源投入到合理的领域，最大限度地减少价值资源的浪费，使价值资源实现最大增长率。

总之，价值观的本质就是人对事物的价值特性的一种主观反映，其客观目的在于识别和分析事物的价值特性，引导和控制人对有限的价值资源进行合理分配和有效利用，以实现其最大增长率。

三、价值观的基本构成要素

根据"统一价值论"所提出的**"最大价值率法则"**可知：事物的价值率或价值增长率决定着该事物的价值收益率，事物的价值率越高，该事物的价值收益率就越大，人就会不断扩大对其的价值资源投入规模；相反，事物的价值率越低，人就不断缩减对其的价值资源投入规模。也就是说，事物的价值率越高，人对它的肯定态度就会越坚决，对它的支持力度就越大，从而加速了它的发展；相反，事物的价值率越低，人对它的否定态度就会越强烈，对它的反对力度就越大，从而加速了它的灭亡。

总之，"价值率"是所有事物最基本的、最重要的价值特性。对于经济领域而言，"价值增长率"就是利润率，因此，在经济领域，利润率是所有经济类事物的关键性指标，它决定着人们对于所有经济类事物的根本态度，决定着所有经济类事物的生死存亡。

事物的价值率作为一种重要的客观存在，必然会反映在人脑中，从而形成了**"主观价值率"**：事物的客观价值率 Ψ 在人脑中的主观反映，用 ω 来表示。

根据主观与客观的关系，主观价值率 ω 围绕客观价值率 Ψ 上下波动，即：

$$\omega \fallingdotseq \Psi$$

其中，符号"≒"表示前者以后者为基础，并围绕后者上下波动。

由于价值率是事物最基本、最重要的价值特性，那么，主观价值率必然是价值观中最基本、最重要的内容，决定和制约着价值观中的其他要素，它是价值观中的基本构成要素。

四、价值观的数学定义

世界上的事物是复杂多样的，人对于所有事物的价值率都会自觉不自觉地产生一个观念，即形成一个主观价值率，用以指导自己的生理、行为和思维活动。这样，许多的主观价值率就构成了一个复杂的、有机的价值观念体系。由此提出**价值观的数学定义**：主体对于所有事物价值率的主观反映值（主观价值率）所组成的数学矢量，也称为该主体的价值观矢量，用 W 来表示，即：

$$W = \{\omega_1, \omega_2, \cdots, \omega_n\}$$

人对于单一事物的主观价值率可以看作是由一个元素所组成的价值观矢量。由于价值形式是多层次的，因此，价值观念体系是一个多层次的、复杂的观念体系，可用二维或多维的"价值观矩阵"来描述。

五、价值观的层次结构

任何形式的价值最终都是为了服务和满足人的生存与发展需要，价值观是人对于事物的价值特性（特别是事物的价值率）的认识，价值观的最终目的在于按照主体生存与发展的需要来有效地配置价值资源，因而价值的层次结构在根本上决定着价值观的层次结构。

统一价值论认为，一切形式的价值都可相应地分为四个基本层次：代谢性价值、生理性价值、个体性价值、社会性价值。因此，价值观也相应地分为代谢性、生理性、个体性、社会性四个基本层次的价值观。

价值观的层次结构，如下图所示：

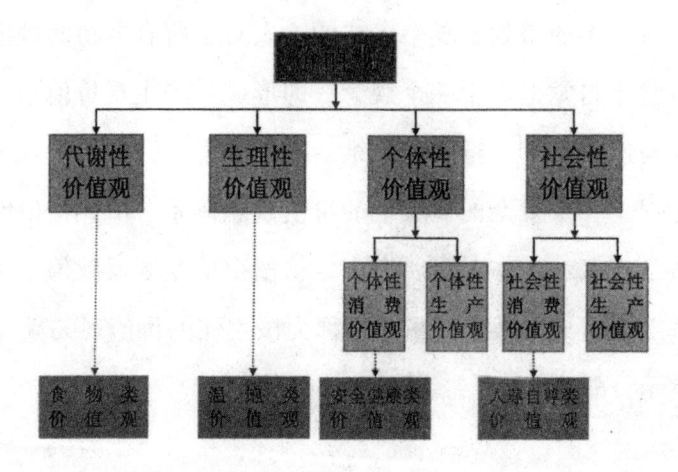

```
                    [价值观]
        ┌──────┬──────┬──────┐
      代谢性   生理性   个体性   社会性
      价值观   价值观   价值观   价值观
                      ┌─┴─┐    ┌─┴─┐
                    个体性 个体性 社会性 社会性
                    消费  生产  消费  生产
                    价值观 价值观 价值观 价值观
        ↓        ↓      ↓    ↓     ↓
      食物类   温饱类  安全情感类  人尊自尊类
      价值观   价值观   价值观      价值观
```

有些人之所以重视某一事物，就是因为他相对于别人对该事物具有较高的主观价值率，即他认为向该事物投入价值资源将会得到较高的价值收益率；有些人之所以只顾眼前利益而不顾长远利益，就是因为他们对于反映长远利益关系的事物的主观价值率较低，从而较少地向反映长远利益的事物投入价值资源，而对于反映眼前利益关系的事物的主观价值率较高，从而较多地向反映眼前利益的事物投入价值资源。总之，人们的价值观（对于所有事物的"选择倾向、原则立场和行为取向"），均可采用主观价值率的形式来描述。

衡量一个人的修养好坏、品德高尚与否，主要看他的价值观在不同层次的取值情况。一般来说，高层次的价值通常具有较高的长远性、整体性和利他性，低层次的价值通常具有较高的眼前性、局部性和利已性，因而具有较高层次价值观的人通常眼光长远、心胸宽广、乐于助人，具有较低层次价值的人通常眼光短浅、心胸狭窄、自私自利。

第二节 价值观第一定律

价值观是人脑对于事物价值特性的一种主观反映,它对于人的基本作用是规划自己的目标、引导自己的思想、约束自己的行为、处理自己的关系、支配自己的资源、实现自己的价值,所以价值观在人的生存与发展过程中起着十分重要的作用,占据十分重要的地位。

一、价值观的基本作用

价值观对于人的基本作用主要表现在六个方面:

1. 规划目标。人在生存和发展过程中必须首先确立自己的价值目标(如食物、金钱、地位、爱情或信仰等)。价值目标可分为战略目标、战役目标和战术目标三个基本层级,并且需要分步实施。

2. 引导思想。人为了提高思想的价值效率,总是优先选择对自己具有重要价值和切身利益的事务进行关注与思考,以节约自己的时间与精力。

3. 约束行为。行为的价值效率是人得以生存和发展的关键性指标,人只有把自己的行为投入具有最大价值效率的消费领域与生产领域,才能最大限度地提高自己的生存能力。

4. 处理关系。人应该与什么样的人打交道,应该建立和发展什么样的社会关系（包括经济关系、政治关系和文化关系），完全是在价值观的引导下，根据"利益最大化原则"或"最大价值率法则"来进行选择的。

5. 调配资源。人通常会根据"最大价值率法则"，合理调配自己的价值资源，并把有限的价值资源投入具有最大价值率的生产领域和消费领域，以实现最大的价值增长率。

6. 实现价值。每个人有自己不同的能力与特长，也有不同的理想追求，每个人都会在价值观的引导下，最大限度地发挥自己的能力和特长，并努力实现自己的人生价值和理想追求。

二、利益价值观

根据价值观的运行程序可知，任何主体（包括个人、集体和社会）要想真正有效地维护自身的利益，就必须保持价值观的准确性，即必须使主体对于各种事物的价值观完全正确地、及时地反映各种事物的价值率，并与之保持动态变化的一致性。如下图：

主体实际价值观 —— 无限趋近于 ——> 事物实际价值率

价值观的正确与否取决于它的结构要素（主观价值率）是否与客观价值率相吻合。如果完全吻合，则主体的价值观就能正确地指导、调节和控制其活动，就能完全正确地反映其利益要求，这种价值观就是一种理想型价值观，能真正代表主体的根本利益。由此提出**利益价值观**的概念：客观事物对于主体的

实际值率 Ψ_i 所组成的矢量或矢量矩阵，也称理想价值观，用 W_Ψ 来表示，即：

$$W_\Psi = \{\Psi_1, \Psi_2, \cdots\cdots, \Psi_n\}$$

显然，利益价值观是人对于事物价值率完全准确的反映形式，这是价值观的理想状态，理想价值观并不是主体实际存在的价值观，因为任何主体都不可能对事物的价值率进行完全准确的反映，总会存在一定的差异。它是根据主体与客观事物的利益关系而设置的一种特殊的"价值观"，是用以正确反映主体利益关系的"化身"的价值观，这个"化身"就相当于宗教信仰中的"上帝"或"真主"，集中体现了主体（个人、集体或社会）的根本利益，因此利益价值观又称理想价值观。

由此可见，主体维护自身利益的客观要求，还有另一种表述方式，就是主体的实际价值观必须无限趋近于主体的利益价值观，如下图：

三、价值观最佳化法则

人要想实现利益的最大化，就必须对自己的每一个价值目标、每一个超复杂行为、每一个复杂行为、每一个简单行为、每一个具体事物的价值率进行精确计算，并按照"最大价值率法则"进行选择。为此，人必须要有完全正确的价值观（利益价值观），并使自己的价值观与事物的价值率完全一致，才能对各个行为、各个事物的价值率进行精确计算，从而为有效地遵循"最大价值率法则"提供准确而可靠的数据。

相反，如果人的实际价值观偏离了其利益价值观，他对于许多具体事物的价值率判断就会出现偏差，在此基础上所计算出来的各种价值目标、各种超复杂行为、复杂行为和简单行为的价值率，就可能会出现更大的偏差，这些偏差将会使他在对各种价值目标和行为方案进行选择时更为严重地偏离"最大价值率法则"，从而遭受更大的价值损失。由此提出**价值观最佳化法则**（或价值观偏差最小化法则）：主体的实际价值观越是接近主体的利益价值观，主体遭受价值损失的概率就越小；反之，主体的实际价值观越是远离主体的利益价值观，主体遭受价值损失的概率就越大。主体要想使自己的利益最大化，就必须使自己的实际价值观无限地趋近于利益价值观。

四、价值观第一定律的内涵

主体要想最大限度地维护自身利益，就必须使主体的"实际价值观"最大限度地与其"利益价值观"（或"理想价值观"）相吻合。也就是说，主体（包括个人、集体和社会）只有树立正确的价值观，才能正确有效地指导自己的行为，选择正确的价值目的，实现价值资源的最大增长率。主体的价值观如果严重偏离了事物的实际价值率，他将会产生严重的决策失误、行为失误，并最终造成重大的利益损失。而且，价值观的偏离程度越严重，由此造成的价值损失量就越大。

事物的价值率是一个非常复杂的函数，主要取决于三个基本变量：价值投入量、价值产出量与时间跨度。每一个基本变量又同时取决于三个方面的品质特性：**主体的品质特性、客体的品质特性和介体的品质特性**。然而，一方面，主体的认识能力总是有限的，主体的实际价值观总是或多或少地偏离事物的实际价值率；另一方面，任何事物及其属性都是动态变化的，人对于事物价值率的认识值，总是不可能与事物的实际价值率保持绝对的动态一致性。由此得出**价值观第一定律**（价值观运行定律）：主体的实际价值观总是围绕其利益价值观（或理想价值观）为核心而上下波动。或者说，事物价值率的主观反映值总是围绕其客观价值率为核心而上下波动。

价值观第一定律的数学表达式：

$$W_s \approx W_\Psi$$

式中，W_s 表示主体的实际价值观，W_Ψ 表示主体的利益价值观。

由于"价值观第一定律"反映了价值观运行的理想状态，即反映了实际价值观走向理想价值观的过程，或者反映了主观价值率走向客观价值率的过程，因此又称"价值观理想运行定律"。

五、价值观的修正过程

人的一切活动都在价值观的指导下进行，由于认识能力的局限性，其价值观总会与事物的价值率存在一定的差异。同时，主体、客体及介体的素质与状态在不断地变化着，事物的实际价值率也在不断地变化着。这就要求主体必须遵循"价值观第一定律"，不断地调节和修正自己的价值观，使之趋近于事物的实际价值率。价值观的修正过程可分为三个基本阶段：

1. 价值观的初始化阶段。人为尽快地建立正确的价值观，就应该合理确定价值观的初始值，以缩短价值观的修正过程。这个过程一般发生在童年时期与少年时期，而且往往由父母或启蒙老师来帮助完成，价值观初始化的主要方式是教育。

2. 价值观的修正阶段。人在实践过程中，对各级价值目标（战略目标、战役目标和战术目标）的实际价值率进行评估，并将其与初始价值观进行比较。如果两者之间存在明显差异，人就会修正初始价值观；如果两者之间的差异很小或者完全吻合，人就会强化和巩固初始价值观。这个修正过程往往会反复进行许多次，使人的实际价值观逐渐接近于事物的价值率。这个过程一般发生在青年时期与中年时期，价值观修正的主要方式是实践。

3. 价值观的微调阶段。当人的价值观接近于事物的实际价值率时，仍然会有各种外界因素的影响或自身因素的变化，使人的价值观产生微小的波动，这就是价值观的微调过程。不过，价值观的波动幅度将会随着时间的增长而逐渐缩小。这个过程一般发生在老年时期，价值观微调的主要方式是反思。

价值观的修正过程，如下图所示：

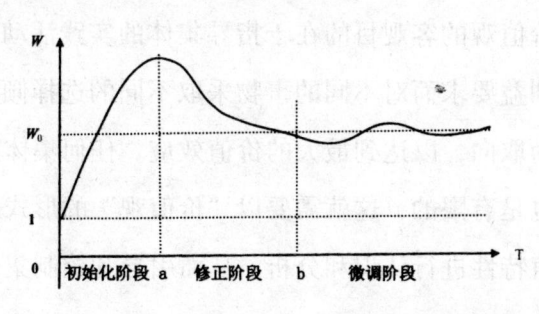

第三节　集体价值观的数学描述

人类的集体是由若干个人按照特定的利益关系（如经济关系、政治关系和文化关系等）所组成的，集体的生存与发展过程同个人的生存与发展过程一样：在集体价值观的引导下，确定正确的价值目标，制订正确的整体规划，编制正确的实施细则，执行正确的具体行为，从而达到最大的价值增长率。

一、集体价值观的本质与客观目的

集体价值观是一种特殊的观念，它是以事物的价值特性为主观反映的对象。集体价值观的本质就是事物的价值特性在集体共同意识中的主观反映，它通过价值观来认识世界各种事物之间的价值联系与价值作用，并掌握各种事物价值特性的运动与变化的客观规律，从而帮助和引导集体成员（特别是决策者和行为实施者）有效地识别价值、表达价值、消费价值、计算价值和创造价值。

集体价值观的客观目的在于指导集体的实践活动，使之按照集体的利益要求而对不同的事物采取不同的选择倾向、原则立场和行为取向，以达到最大的价值效应。任何集体所拥有的价值资源也是有限的，这就需要以"价值观"的形式来对各种事物的价值特性进行认识和分析，从而引导和控制集体的决策者或行为实施者把有限的价值资源投入到合理的领域，最大限度地减少价值资源的浪费，提高价值资源的利用率，使价值资源实现最大的增长率。

二、集体价值观的基本构成要素

根据"最大价值率法则"（"价值率选择性法则"），事物的价值率决定着该事物的价值收益率或价值增值速度：事物的价值率越高，该事物的价值收益率就越大，价值增值速度就越快，集体就会越多地向该事物追加投入价值资源，从而扩大其存在规模；相反，事物的价值率越低，集体就会越多地把向该事物所投入的价值资源抽调出来，从而缩小其存在规模。总之，集体价值观的本质就是集体对事物价值率的主观反映，其客观目的在于识别和分析事物的价值率，以引导和控制集体成员对有限的价值资源进行合理分配，以实现其最大的价值增长率。

事物的价值率作为一种重要的客观存在，必然会反映到集体的共同意识中，从而形成了"**集体主观价值率**"：事物的客观价值率在集体共同意识中的主观反映，用 ω_j 来表示。

集体主观价值率 ω_j 必然围绕事物的客观价值率 Ψ_j 上下波动，即：

$$\omega_j \fallingdotseq \Psi_j$$

由于价值率是事物最基本、最重要的价值特性，那么，集体主观价值率必然是集体价值观中最基本、最重要的内容，决定和制约着集体价值观中的其他要素，它是集体价值观的基本构成要素。

三、集体价值观的数学定义

世界上的事物是复杂多样的，集体对于所有事物价值率都会自觉不自觉地产生一个观念，即形成一个集体主观价值率，用以指导集体的思想、决策与行为。这样，由许多的集体主观价值率就构成一个复杂的、有机的价值观念体系。由此提出**集体价值观**的数学表达式：集体对于所有事物价值率的主观反映值（集体主观价值率）所组成的数学矢量，称为该集体的价值观矢量，用 W_j 来表示，即：

$$W_j = \{\omega_1, \omega_2, \cdots, \omega_n\}$$

集体对于单一事物的主观价值率可以看作是由一个元素所组成的集体价值观。由于价值形式是多层次的，因此集体价值观是一个多层次的、复杂的观念体系，可用"价值观矩阵"来描述。

四、集体利益价值观

集体价值观的正确与否取决于它的结构要素（主观价值率）是否与客观价值率相吻合。如果完全吻合，则集体价值观就能正确地指导、调节和控制其活动，就能完全正确地反映集体利益要求，这种集体价值观就是一种理想型集体价值观，能真正代表集体的根本利益。由此提出**集体利益价值观**的概念：客观事物对于集体的实际价值率所组成的矢量或矢量矩阵，也称集体理想价值观，用 $W_{\Psi j}$ 来表示，即：

$$W_{\Psi j} = \{\Psi_{j1}, \Psi_{j2}, \cdots\cdots, \Psi_{jn}\}$$

显然，集体利益价值观是集体对于事物价值率完全准确的反映形式，这是集体价值观的理想状态，集体利益价值观并不是主体实际存在的价值观，因为任何集体都不可能对事物的价值率进行完全准确的反映，总会存在一定的差异。它是根据集体与客观事物的利益关系而设置的一种特殊的"集体价值观"，是用以正确反映集体利益关系的"化身"的价值观，这个"化身"就相当于宗教信仰中的"上帝"或"真主"，集中体现了集体的根本利益，因此集体利益价值观又称集体理想价值观。

五、集体价值观运行定律

根据"价值观最佳化法则"，对于集体来说，要想使自己的利益最大化，就必须使其集体价值观无限地趋近于其集体利益价值观。也就是说，集体是一种个人主体复合体，同样服从"价值观第一定律"（价值观运行定律）。由此可得**集体价值观运行定律**：集体的实际价值观（合成价值观）总是围绕集体的利益价值观（理想价值观）上下波动。其数学表达式：

$$W_j \approx W_{\psi j}$$

式中，W_j 表示集体的实际价值观，$W_{\psi j}$ 表示集体的利益价值观。

显然，"集体价值观运行定律"就是"价值观第一定律"的另一种具体表现形式。

第四节 价值观第二定律

按照价值观第一定律，个人的任何行为都是为了维护个人的利益，从而个人的价值观总是围绕其利益价值观为核心而上下波动。在集体中，个人利益与集体利益往往存在着利益相关性，维护集体的利益就是间接地维护个人利益，那么，个人在行使集体权力、履行集体职能、完成集体任务的过程中，个人价值观是如何运行的呢？

一、职务价值观

在一个集体中，所有集体成员都有具体的工作岗位、工作职责、管理层级、权力配置、任务安排及利益分配方式等，个人在行使权力、履行工作职责、完成集体任务的过程中，其行为将会表现出一种特殊的价值观，而这种价值观不同于他的个人价值观，也不同于集体价值观。为此提出**职务价值观**的概念：个人在行使集体权力、履行工作职责、完成集体任务的过程中所表现出来的实际价值观，用 W_z 来表示。

我们需要注意两点：

这里所指的"职务"并不是专指"领导职务"，还包括普通的"员工职务"，因而职务价值观既包括领导的职务价值观，也包括普通员工的职务价值观。

一个人往往会同时参与若干个集体，既有工作性、生产性集体，也有娱乐性、消费性集体；既有朋友性、同事性、同学性集体，也有亲戚性、家庭性集体；既有长期性集体，也有临时性集体；既有合法性集体，也有非法性集体。因此，每个人在不同类型的集体中往往会表现出不同的职务价值观。

二、集体合成价值观

集体价值观的客观目的在于指导、约束与控制集体中所有成员在集体生存与发展过程中的所有决策行为、执行行为与监督行为，使之符合集体的利益需要，使之与集体利益价值观相吻合。集体价值观是在所有集体成员职务价值观的共同作用下形成的，也就是说，集体价值观是由所有集体成员的职务价值观合成而来的。

通常情况下，集体的责、权、利并不在集体所有成员中平均分配，其中一部分成员将会享有较大的权力、承担较多的责任，同时也会分享较多的利益，而另一部分成员将会享有较小的权力、承担较少的责任，同时也会分享较少的利益。因此，一部分成员的职务价值观将会在集体价值观中占有较大的权重或份额。由此提出**集体合成价值观**的概念：设集体中各个成员的职务价值观为 W_{Zi}，各个成员的支配权数为 K_{pi}，即集体合成价值观为：

$$W_j = \sum (K_{pi} \times W_{Zi})$$

式中，W_{Zi} 为第 i 个成员的职务价值观，K_{pi} 为第 i 个成员的支配权数。

支配权数为集体成员对于集体价值资源的支配比例。显然，集体成员的支配权数 K_{pi}（或权力）越大，集体合成价值观的变化就越容易受其职务价值观的影响和制约，集体价值观就越是趋近于该成员的职务价值观。当集体成员的支配权数为 1 时，集体价值观完全取决于他的职务价值观；当集体成员的支配权数为 0 时，集体价值观与该成员的职务价值观无关。

三、集体合成利益价值观

集体是由多人组成的，其价值资源也是由众多人投入的，每个集体成员在集体中的价值资源占比不同，从而拥有不同价值比例的所有权。为了集体的利益平衡，以及避免权力的滥用，集体的权力往往需要进行合理分割和适度制衡。为此，需要把集体的权力（支配权数）在集体成员中进行分配。

集体合成利益价值观：设集体中各个成员的利益价值观为 $W_{\psi i}$，各个集体成员的所有权数为 S_i，根据"价值观合成定理"，集体的利益价值观等于各个集体成员的利益价值观与所有权数之乘积，即：

$$W_{j\psi} = \sum (W_{\psi i} \times S_i)$$

四、集体利益价值观合成定理

研究表明，集体合成利益价值观就是集体利益价值观，这就是**集体利益价值观合成定理**：集体利益价值观就等于集体中各个成员的利益价值观 $W_{\psi i}$，并以各个成员的所有权数 S_i 为权重的加权代数和。

所有权数反映了集体成员在集体价值资源中的所有权比例。显然，集体成员的所有权数 S_i（或股份比例）越大，集体利益价值观的变化就越容易受其利益价值观的影响和制约，集体利益价值观就越是趋近于该成员的利益价值观。当集体成员的所有权数为 1 时，集体利益价值观完全取决于他的利益价值观；当集体成员的所有权数为 0 时，集体利益价值观与该成员的利益价值观无关。

五、私心力

作为个人，他的任何行为（包括集体成员在履行职务过程中的所有行为）都会受到个人利益价值观的吸引，从而服从"价值观第一定律"，也就是说，个体的职务价值观必然围绕个体的利益价值观为核心而上下波动，从而直接或间接地为自身谋取利益。由此提出**私心力**的概念：集体成员在行使权力、履行职能、完成集体任务过程中，其职务价值观趋近于个人利益价值观的趋动力。

私心力来自集体成员本身（被授权者），其客观目的在于维护个人利益。在个人价值观的吸引下，在权力支配因素（制度因素、伦理因素等）允许的范围内，集体成员将会自发地使自己的职务价值观不断趋近于与个人价值观，从而自觉不自觉地为自身谋取利益。

私心力大小主要取决于个人能力与素质（特别是法律素质与道德素质）。一般来说，一个人的能力越强大，品德越高尚，他所追求的价值层次就越高，由于较高层次的价值往往具有较高的共享性和利他性，可以较多地兼容他人的价值和集体的价值，较多地重视全局利益、长远利益和高层次利益，其个人利益价值观与集体利益价值观的一致性就越高，私心力就越小。反之，一个人的能力越弱小、品德越低俗，他所追求的价值层次就越低，由于较低层次的价值往往具有较高的独享性和排他性，从而较少地兼容他人的价值和集体的价值，较多地考虑局部利益、眼前利益和低层次利益，其个人利益价值观与集体利益价值观的差异性就越高，私心力就越大。

显然，当私心力非常强大且没有受到任何监督和支配时，个人的职务价值观将必然会与个人价值观完全趋于一致，此时的集体完全成为个人的"私有财产"。

六、公心力

作为集体中的一员，他在履行集体职务过程中的所有行为都会受到集体利益价值观的吸引，从而服从"价值观第一定律"，也就是说，个体的职务价值观必然围绕集体的利益价值观为核心而上下波动，从而为集体谋取利益。由此提出**公心力**的概念：集体成员在行使权力、履行职能、完成集体任务过程中，其职务价值观趋近于集体利益价值观的趋动力。

公心力来自集体，其客观目的在于维护集体的利益。集体（授权者）通过任免机制、监督机制、奖惩机制和权力控制机制、利益分配机制等手段，对集体成员的职务价值观进行调整和控制，使其不断趋近于集体利益价值观，从而确保集体的利益不受损害，并实现集体利益的最大化。

公心力的大小主要取决于集体对于集体成员的监督与控制机制的完善性。集体的任免机制、监督机制、奖惩机制和权力控制机制、利益分配机制等手段越完善，对于个人的职务行为的约束力就越强。具体表现为：一方面，集体对于个人职务价值观与集体利益价值观的差异度识别力就越强，从而对于个人的惩罚力度就越大；另一方面，集体对于个人职务价值观与集体利益价值观的一致性识别力就越强，对于个人的奖励力度就越大。

显然，当公心力非常强大且监督和管理机制非常完善时，个人的职务价值观将会完全与集体利益价值观趋于一致，此时的个人完全成为集体的"真正公仆"。

七、价值观第二定律

在公心力和私心力的双重作用下，集体成员的职务价值观总是介于个人价值观（或个人利益价值观）与集体价值观（或集体利益价值观）之间。由此提出**价值观第二定律**（价值观双作用定律）：集体成员在行使权力、履行职能、完成集体任务过程中，其职务价值观由于同时受到个人价值观的吸引（私心力的作用）与集体价值观的吸引（公心力的作用），总是介于个人价值观与集体价值观之间。

其数学表达式：

$$W_z = (W_g \leftarrow W_z \rightarrow W_j)$$

式中，W_z 表示职务价值观，W_g 表示个人价值观，W_j 表示集体价值观。

价值观第二定律的运行情况（以双元素为例），如下图：

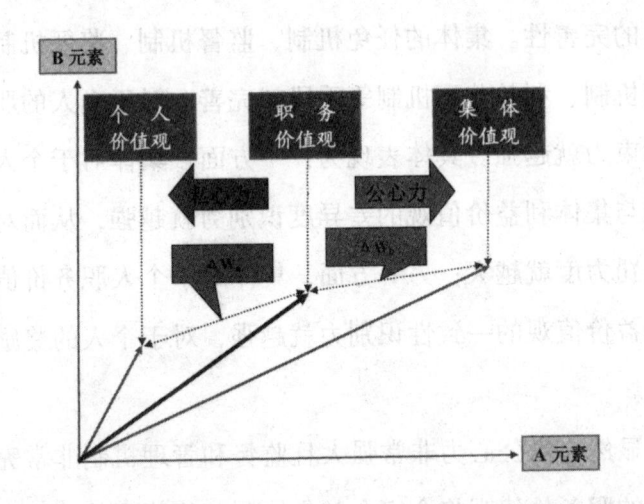

根据"价值观第一定律"，个人价值观总是趋近于个人利益价值观，集体价值观总是趋近于集体利益价值观。因此，价值观第二定律又可表述为**价值观第二定律（价值观双作用定律）**：集体成员在行使权力、履行职能、完成集体任务过程中，其职务价值观由于同时受到个人利益价值观的吸引（私心力的作用）与集体利益价值观的吸引（公心力的作用），总是介于个人利益价值观与集体利益价值观之间。

其数学表达式：

$$W_z = (W_{g\psi} \leftarrow W_z \rightarrow W_{j\psi})$$

式中，W_z 表示职务价值观，$W_{g\psi}$ 表示个人利益价值观，$W_{j\psi}$ 表示集体利益价值观。

由于"价值观第二定律"反映了双重力（私心力与公心力）对于职务价值观的作用过程，因此又称"价值观双作用定律"。

第五节 价值观第三定律

统一价值论认为,人与人之间所有的社会关系(包括经济关系、政治关系与文化关系),在本质上都是一种价值关系,并且最终都是通过人与人之间的行为关系来体现与实施的。然而,人的一切行为都是在价值观指导下完成的,其客观目的都是为了追求价值最大化。因此人与人之间的所有行为关系,在本质上都会表现为价值观之间的相互作用。"价值观第二定律"反映了个人价值观与集体价值观之间的相互作用,那么,个人与个人之间的价值观是如何作用的呢?

一、集体价值观与个人价值观的同化作用

根据价值观第二定律(价值观双作用定律)可知,集体成员的职务价值观同时受到私心力与公心力的双重作用:一是个人价值观对于职务价值观的吸引力(私心力),二是集体价值观对于职务价值观的吸引力(公心力)。

"力"是事物之间的相互作用,必然遵循"大小相等,方向相反"的原则,因此,可得个人价值观对于职务价值观的吸引力,完全等于职务价值观对于个人价值观的吸引力;集体价值观对于职务价值观的吸引力,完全等于职务价值观对于集体价值观的吸引力。

认知对抗论

在"价值观第一定律"的作用下，将会出现这样的结果：个人价值观与集体价值观最终都以"职务价值观"为中介或桥梁，将会产生相互吸引力，这种现象就是集体价值观与个人价值观之间的同化作用。

集体价值观与个人价值观的同化作用（以双元素为例），如下图所示：

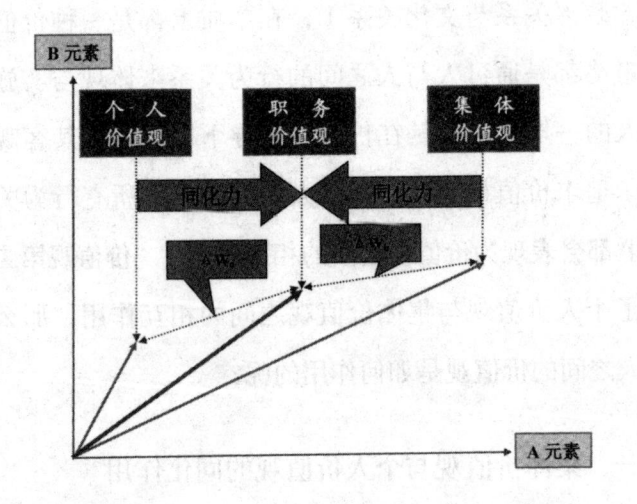

通常情况下，集体价值观相对于个人价值观具有较高的稳定性，两种价值观同化作用的最终结果是个人价值观不断趋近于集体价值观，即集体价值观对于个人价值观的同化作用，通常要大于个人价值观对于集体价值观的同化作用。

不过，当个人在集体中的支配权数或所有权数足够大时，个人价值观对于集体价值观的同化作用才会比较明显。极端情况下，当个人在集体中的支配权数或所有权数趋近于1时，个人价值观对于集体价值观的同化作用力才会达到最大值。

— 80 —

二、个人价值观之间的同化作用

由于集体价值观对于所有集体成员的个人价值观都会产生同化作用，因而必然导致集体中所有成员的个人价值观都以"集体价值观"为中介或桥梁，将会产生相互吸引力，这种现象就是个人价值观之间的同化作用。同理，如果是由两个人所组成的"小集体"，同样会产生两个个体价值观之间的同化作用。

两个个体价值观之间的同化作用（以双元素为例），如下图所示：

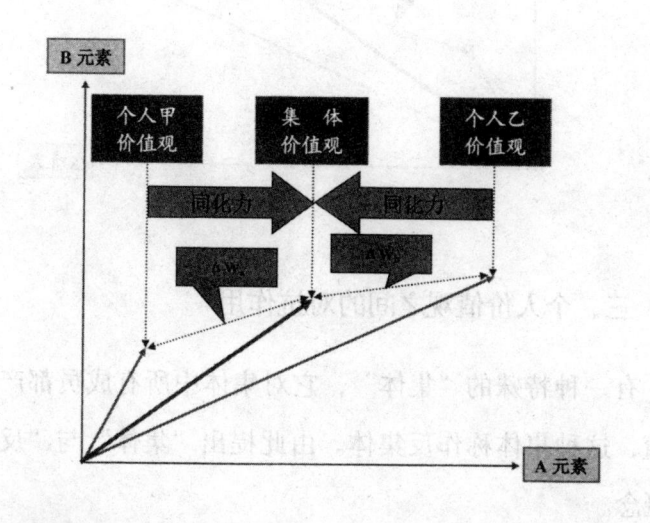

通常情况下，个人在集体中的支配权数或所有权数较大时，其个人价值观的稳定性就相对较高，他的价值观对于其他人价值观的同化作用就较大。

不难理解，只要两个主体之间产生了某种共同利益，就意味着两个主体组成了一个集体（正式或非正式的集体，有形或无形的集体），并形成了正向价值的合作关系，这个"共同利益"

就相当于集体利益价值观（或集体价值观），并将会同时对这两个主体的价值观产生吸引力与同化作用。

共同利益中个人价值观之间的同化作用（以双元素为例），如下图所示：

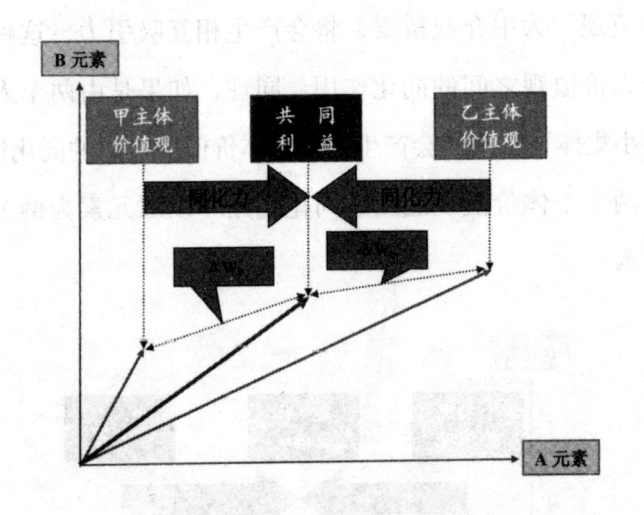

三、个人价值观之间的对抗作用

有一种特殊的"集体"，它对集体中所有成员都产生负向价值，这种集体称作反集体。由此提出"集体"与"反集体"的概念。

集体：产生共同价值（或共同利益）的主体之间所形成的社会关系。

反集体：产生矛盾价值（或矛盾利益）的主体之间所形成的社会关系。

例如，发生全面战争的两个国家，就是一个典型的"反集体"；发生激烈暴力冲突的两个人，也是一个典型的"反集体"。

集体与反集体之间的关系，就类似于物质与反物质之间的关系。

显然，在反集体中，一方主体的行为将会对另一主体的利益产生损害作用，那么，这一方主体行为背后的价值观必定偏离另一方主体的利益价值观。根据价值观第一定律，可以得出**价值观第一定律推论**（反集体价值观运行定律）：当两个主体之间组成反集体时，则一方的价值观将会视对方的价值观为反向利益价值观，从而相互远离。

价值观第一定律推论的数学表达式：

$$W_a \not> W_b, W_b \not> W_a$$

式中，W_a 表示主体 A 的价值观，W_b 表示主体 B 的价值观，符号"$\not>$"表示前者将会远离后者。

矛盾利益（或反集体）中个体价值观之间的对抗作用（以双元素为例），如下图所示：

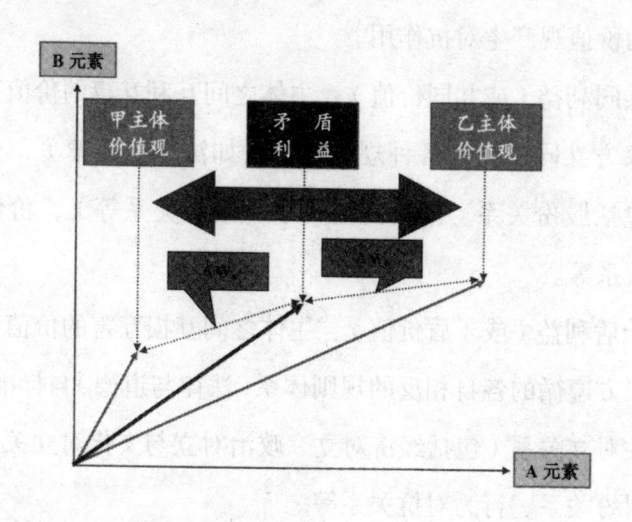

归纳起来，集体的价值目的在于"合作共赢"，反集体的价值目的在于"零和博弈"。通俗而言，在反集体中，各个主

体之间将会形成一种特殊的行为模式与价值观念：凡是敌人反对的，我们就要拥护；凡是敌人拥护的，我们就要反对。

不过，两个主体之间产生全面对抗的情况是极少的，大多数情况是两个主体之间在某些事物方面既会存在共同利益，在另一些事物方面也会存在矛盾利益。

四、价值观第三定律

综合以上分析，可以得出两个重要结论：

共同利益产生价值观同化作用。当两个主体（包括个人与集体）之间一旦产生了共同利益，共同利益将会同时对这两个主体的价值观产生同化作用。

矛盾利益产生价值观对抗作用。当两个主体（包括个人与集体）之间一旦产生了矛盾利益，矛盾利益将会同时与这两个主体的价值观产生对抗作用。

共同利益（或共同价值）：主体之间互利互惠的价值关系。包括双方共同遵循的各种规则体系（如法律与道德），合作关系（包括股份关系、军事同盟关系、婚姻关系等），价值资源共享关系等。

矛盾利益（或矛盾价值）：主体之间互损互害的价值关系。包括双方遵循的各自相反的规则体系（法律与道德）与标准体系、社会性对立关系（包括经济对立、政治对立与文化对立关系）、财产纠纷关系、行为对抗关系等。

由此得出**价值观第三定律**（价值观交互作用定律）：主体之间的共同利益必然形成价值观的同化作用，主体之间的矛盾利益必然形成价值观对抗作用。

这里，还有五点说明：

1. 价值观同化作用与对抗作用同时并存。两个主体往往既有共同利益，也有矛盾利益，因此他们之间既会形成价值观同化作用，同时也会产生价值观对抗作用，只是针对的事物不同而已。

2. 价值观同化作用与对抗作用可能会发生相互转化。任何事物都是不断变化的，主体之间的共同利益与矛盾利益随时都有可能发生相互转化，从而导致主体之间的价值观同化作用与价值观对抗作用发生相互转化。

3. 价值观同化作用与对抗作用的主体多样。形成主体价值观同化作用与对抗作用的主体是个人与个人、个人与集体、集体与集体。

4. 价值观同化作用与对抗作用的强度、广度和深度往往同时增长。随着社会生产力的不断发展，主体之间、事物之间的联系越来越密切、越来越广泛、越来越深入，使主体之间的共同利益不断增长，与此同时，主体之间的矛盾利益也会相应地增长，从而导致主体之间的价值观同化作用与对抗作用的强度、广度和深度往往同时增长。

5. 价值观三大定律之间的关系。价值观第一定律的理论基础是"主观是对客观的反映，主观以客观为基础"；价值观第二定律由价值观第一定律推导而来；价值观第三定律又是由价值观第一定律与价值观第二定律推导而来。

第六节 "三观"的本质及其逻辑关系

人们常说"毁三观""三观不正""三观不合",其中所谓的"三观"指世界观、价值观与人生观。"三观"是人们认识世界、认识社会与认识自己的主要方式,其客观目的在于指导人们改造世界、改造社会与改造自己的实践活动。然而,许多人并不知道"三观"的本质,更不知道"三观"之间的逻辑关系。

一、世界观的本质及形成路线

1. 世界观的本质及根本作用

自然认识是人脑对于自然事物之自然特性的认识。在自然认识中,有一些关于全局性、根本性的认识,可以归结为**世界观**:人们对世界所有事物的根本看法和根本观点。

显然,世界观并不是指人对于某些具体事物的认识与看法,而是指人对于事物全局性、根本性的认识,因而可以认为,世界观是自然认识的核心内容。显然,世界观的根本作用在于宏观性、全局性地指导人的认识活动。

2. 自然认识的核心内容是世界观

自然认识的核心内容构成世界观。在自然认识中,有三个方面的核心内容:

一是主观与客观的对应关系，即主观能否正确反映客观的关系；二是主观与客观的决定关系，即到底是主观决定客观，还是客观决定主观；三是客观与客观的相互关系，即客观事物是静止的还是运动的，是永恒不变的还是发展变化的，是相互孤立的还是相互联系的，是片面联系的还是全面联系的。

3. 世界观的分类

根据三个方面的核心内容，世界观可分为不同类型：

（1）可知论世界观与不可知论世界观。可知论世界观认为主观可以正确反映客观，不可知论世界观认为主观不能正确反映客观。

（2）唯物主义世界观与唯心主义世界观。唯物主义世界观认为客观决定主观（或存在决定意识），唯心主义世界观认为主观决定客观（或意识决定存在）。

（3）辩证主义世界观与形而上学世界观。辩证主义世界观认为客观事物是运动与变化的（运动与变化是绝对的，静止与不变是相对的）、相互联系的、对立与统一相结合的，形而上学世界观认为客观事物是永恒不变的（运动与变化是相对的，静止与不变是绝对的）、相互孤立的、对立与统一相排斥的。

4. 世界观的形成路线

自然事物的表现形式是事物特性，事物特性的主观反映形式是自然认识，而自然认识的核心内容是世界观，这就是世界观的形成路线。

世界观的形成路线，如下图所示：

事物特性可分为两种类型：存在特性（包括属性与整体性）与事实特性（包括规律性与系统性）。认识可分为两种类型：感觉（包括印象与概念）与认知（包括定律与理论）。其中，感觉是人脑对于事物的存在特性（包括物质属性与整体性）的主观反映，认知是人脑对于事物的事实特性（包括规律性与系统性）的主观反映。

世界观的形成路线（分解图），如下图所示：

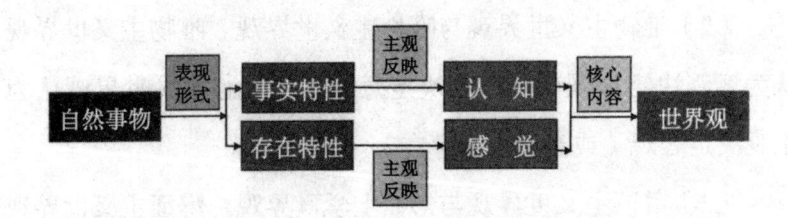

二、价值观的本质及形成路线

1. 评价的三种方式及根本作用

评价是指人对于客观事物之价值特性所产生的一种主观反映。价值的特性参量主要有三个：价值、价值率与价值率高差，分别对应评价的三种方式：需要、价值观和情感。

需要是人脑对于事物价值量的主观反映。需要的根本作用在于确定人对于某些事物的价值投入量，并实现从价值量向物理量的转化，从而及时满足人类生存与发展的要求。例如，人应该吃多少饭，喝多少水，穿多少衣等。由于人体的内部状态与外部环境总是处于不断的变化之中，因此，人体对于价值种类与价值量的需要总是处于不断的变化之中，具体表现为人体对于事物种类的需要与对于事物物理量的需要总是处于不断的变化之中。

情感是人脑对于事物价值率高差的主观反映。情感的根本作用在于确定人对于某些事物的价值投入方向（价值流向）和价值投入强度（价值流量），并实现物理流向和物理流量的转化，从而及时满足人类生存与发展的要求。当某事物的价值率高差大于零时，人对于它的正向情感强度就大于零，人就会增加对其的价值投入规模；当某事物的价值率高差小于零时，人对于它的负向情感强度就大于零，人就会减少对其的价值投入规模。例如，人应该追求什么样的事物，追求的强度为多大。由于人体的内部状态与外部环境总是处于不断的变化之中，人体对于事物的情感指向与情感强度总是处于不断的变化之中。

价值观是人脑对于事物价值率的主观反映。价值观的根本作用在于为需要与情感提供价值计算的基础数据。人的价值观通常反映事物在正常状态下的价值率，包括正常的主体状态、正常的客体状态与正常的介体状态。由于任何事物总是处于不断运动与变化的状态，当主体、客体与介体偏离正常状态时，事物的实际价值率就会发生变化，人的中值价值率也会发生变化，从而使人的需要与情感发生变化。由此可见，人的价值观是一个相对稳定的量，而人的需要与情感都是不断变化的量。

2.评价的核心内容是价值观

评价的客观目的在于识别事物的价值特性，其中，价值观为需要与情感提供价值计算的基础数据，价值观是一个相对稳定的量，需要与情感是不断变化的量。总之，价值观是评价的核心内容。

3. 价值观的形成路线

价值事物的表现形式是价值特性，价值特性的主观反映形式是评价，而评价的核心内容是价值观，这就是价值观的形成路线。

价值观的形成路线，如下图所示：

价值事物 —表现形式→ 价值特性 —主观反映→ 评价 —核心内容→ 价值观

4. 价值观的分类

根据不同类型的价值取向，人生观可分为不同类型：

（1）集体主义价值观与个人主义价值观。集体主义价值观认为"集体价值"属于人类的主导性价值、"个体价值"属于人类的从属性价值；个人主义价值观认为"个体价值"属于人类的主导性价值、"集体价值"属于人类的从属性价值。

（2）现实主义价值观与浪漫主义价值观。现实主义价值观认为"存在状态"决定着事物价值的基本状态、"联系状态"决定着事物价值的非基本状态；浪漫主义价值观认为"联系状态"决定着事物价值的基本状态、"存在状态"决定着事物价值的非基本状态。

（3）民粹主义价值观与精英主义价值观。民粹主义价值观认为每个人（包括平民与精英）对于社会的生存和发展起着同等重要的作用,从而否认精英对于社会的特殊贡献;而精英主义价值观认为社会的生存和发展完全取决于精英的作用,从而否认平民对于社会的普遍贡献。

三、人生观的本质及形成路线

1. 人生观的本质

人生价值是一种特殊的价值,是人的生活实践对于社会和个人所具有的作用和意义。选择什么样的人生目的,走什么样的人生道路,如何处理生命历程中个人与社会、现实与理想、付出与收获、身与心、生与死等一系列矛盾,人们总是有所取舍、有所好恶,对于赞成什么、反对什么、认同什么、抵制什么,总会有一定的理念、标准和看法,这就由人生观决定的。具体而言,人生观是指人对于人的生存意义、目标追求、情感偏好、生活理念、工作态度、职业期望、判断标准、价值取向等方面的看法。

归纳起来,人生观主要包括三个方面:人生方式、人生态度和人生目的。由此可得**人生观**:人对于人生相关联的价值事物的基本看法,主要包括人生方式、人生态度和人生目的三个方面的看法。

2. 意志的本质及根本作用

意志是行为价值率高差的主观反映。

统一价值论认为,人的一切行为都有一定的价值率,并且总是遵循"最大价值率法则"或"最大价值率高差法则"。人在其生命过程中,总是会选择具有最大价值率的行为模式,遵循具有最大价值率的行为准则，追求具有最大价值率的行为目标，从而实现人生的最大价值率。因此，意志的根本作用在于为人的行为提供宏观性、全局性指导方针。

3. 意志的核心内容是人生观

人生方式主要通过行为方式来体现，人生态度主要通过行为准则来体现，人生目的主要通过行为目标来体现。

总之，人的一切行为都是在意志的引导与控制下，选择最大价值率的行为模式、行为准则和行为目标。由此可得**意志的核心内容**：为人生观提供价值计算的基础数据，其客观目的在于有效地规划人的行为方式、行为准则和行为目标。

4. 人生观的形成路线

行为事物的表现形式是行为特性，行为特性的主观反映形式是意志，而意志的核心内容是人生观，这就是人生观的形成路线。人生观的形成路线，如下图所示：

行为事物 →（表现形式）→ 行为特性 →（主观反映）→ 意志 →（核心内容）→ 人生观

5. 人生观的分类

根据不同类型的价值取向，人生观可分为不同类型：

（1）乐观主义人生观与悲观主义人生观。乐观主义人生观认为，社会发展的前途是光明的，人生的目的在于追求社会的文明和进步，在于追求真理，对人生抱着积极乐观的态度；悲观主义人生观认为，社会发展的前途是暗淡无光的，人总是要走向死亡，人类的命运凶险莫测，对社会的发展前途抱着消极悲观的态度。

（2）禁欲主义人生观与纵欲主义人生观。禁欲主义人生观将人的欲望特别是肉体欲望看作是一切罪恶的根源，主张灭绝人欲，实行苦行主义；纵欲主义人生观主张回归动物性的本能，随心所欲，充分享受感官上的快乐。

（3）享乐主义人生观与厌世主义人生观。享乐主义人生观是从人的生物本能出发，将人的生活归结为满足人的生理需要与主观欲望，提倡追求感官快乐，以最大限度地满足物质生活享受的目的；苦行主义人生观以"节用"为核心，提倡一种回归自然、没有欲望、内心平静的生活，主张克制自身的情欲，去获得高贵的灵魂。

（4）幸福主义人生观与厌世主义人生观。幸福主义人生观强调，人生幸福是人生的最高目的；厌世主义人生观认为，人生是苦难的深渊，充满各种烦恼与痛苦，唯有脱俗灭欲，才能真正解脱。

（5）冒险主义人生观与保守主义人生观。冒险主义人生观总是相信人有足够的行为能力来减小坏结果的发生概率，提高好结果的发生概率，容易存有侥幸心理，进而忽略可能面临的巨大困难和危险；保守主义人生观不相信人有足够的行为能力来改变事物原有的发生概率，往往会过分夸大可能面临的巨大困难和危险，容易失去可能的发展机遇。

四、"三观"之间的逻辑联系

"三观"之间的逻辑联系主要表现在：

1. 价值观是一种特殊的世界观，价值观是世界观的核心内容，价值观对世界观产生导向作用。价值观是从价值的角度来认识世界，它是世界观的组成部分；人们认识世界的最终目的在于改造世界，人的一切行为最终都是为了生产价值和消费价值，人与人的一切关系在本质上都是一种价值关系，因此价值观是世界观的核心内容；价值观相对于世界观有着一定的相对独立性，价值观的基本走向与重大变化，将对世界观产生重要的导向作用。总之，广义世界观包括价值观。

2. 人生观是一种特殊的价值观，人生观是价值观的核心内容，人生观对价值观产生导向作用。人生观是从人生的角度来认识价值，它是价值观的组成部分；价值的生产与消费都是以人为主体，人的生产行为是一切价值的根本来源，人的消费行为是一切的根本归宿，因此人生观是价值观的核心内容；人生观相对于价值观有着一定的相对独立性，人生观的基本走向与重大变化，将对价值观产生重要的导向作用。总之，广义价值观包括人生观。

3. 世界观对价值观产生基础作用与决定作用，价值观对人生观产生基础作用与决定作用。由于价值观是在世界观的基础之上认识价值的方式，世界观是价值观的基础，因此世界观对价值观产生基础作用与决定作用。由于人生观是在价值观的基础之上认识人类自身价值（特别是行为价值）的方式，价值观是人生观的基础，对人生观产生基础作用与决定作用。

4. 人生观对价值观产生反作用，价值观对世界观产生反作用。对于价值观而言，人生观具有一定的相对独立性，人的生命过程就是人生观不断修正与发展的过程，并将对价值观产生强大的反作用；对于世界观而言，价值观具有一定的相对独立性，人的生命过程也是价值观不断修正与发展的过程，并将对世界观产生强大的反作用。

世界观、价值观与人生观的逻辑联系，如下图所示：

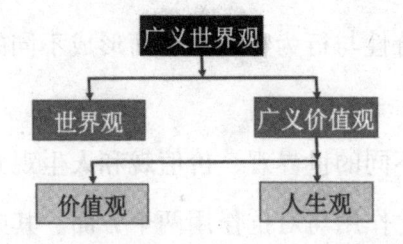

```
        广义世界观
        ／     ＼
     世界观    广义价值观
              ／    ＼
           价值观   人生观
```

五、"三观"的形成路线

事物（包括自然事物、价值事物与行为事物）的表现形式是事物特性，事物特性（包括存在特性、事实特性、价值特性与行为特性）的主观反映是意识，意识（包括感觉、认知、评价与意志）的核心内容是"三观"。

归纳起来，"三观"的形成路线是：事物→事物特性→意识→"三观"。"三观"的形成路线，如下图所示：

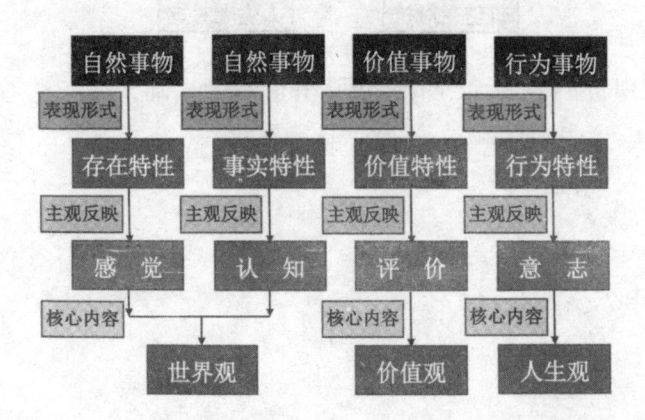

自然事物	自然事物	价值事物	行为事物
表现形式	表现形式	表现形式	表现形式
存在特性	事实特性	价值特性	行为特性
主观反映	主观反映	主观反映	主观反映
感觉	认知	评价	意志
核心内容		核心内容	核心内容
世界观		价值观	人生观

六、世界观对抗、价值观对抗与人生观对抗

人们之间在世界观、价值观和人生观上的差异形成了在世界观、价值观和人生观上的对抗。从原则上讲，主观是由客观决定的。人们的社会地位不同、社会环境不同、历史背景不同、生活经历不同、教育水平不同，就会形成不同的存在特性、事实特性、价值特性与行为特性，从而形成不同的世界观、价值观和人生观。

人们之间不同的世界观、价值观和人生观必然会产生相互作用，包括同化作用与对抗作用两个方面。其中，共同的存在特性、事实特性、价值特性和行为特性，形成世界观同化、价值观同化和人生观同化；矛盾的存在特性、事实特性、价值特性和行为特性，形成世界观对抗、价值观对抗和人生观对抗。

世界观、价值观与人生观对抗的逻辑联系，如下图所示：

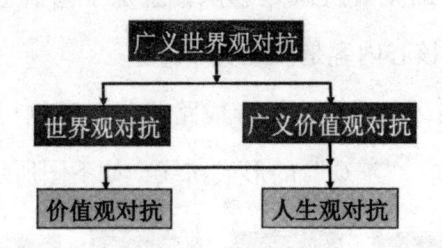

```
        广义世界观对抗
         ┌──┴──┐
      世界观对抗  广义价值观对抗
              ┌──┴──┐
          价值观对抗  人生观对抗
```

第四章 认知对抗与价值观对抗

由于各种主观与客观方面的原因，人与人之间在认识上存在着一定的差异与对抗，因此认识对抗可分为感觉对抗、认知对抗、评价对抗、意志对抗四个层次。

由于人与人在感觉上所产生的差异很小，因而感觉对抗基本上可以忽略不计，而且感觉可以看作是一种初级形式的认知；价值观是人脑对于事物绝对性价值关系的主观反映，即客观目的在于识别事物的价值率，情感是人脑对于事物相对性价值关系的主观反映，即客观目的在于识别事物的价值率高差（事物的价值率与主体的中值价值率之差），两者是评价的两种方式，由于价值观与情感是平行运动并产生等价作用的，因而价值观对抗与情感对抗可以看作是相同的认识对抗方式；由于意志是人脑对于自身行为价值关系的主观反映，可以将其视作价值观的特殊形式，因此，意志对抗也可以看作是价值观对抗的特殊形式。

总之，认识对抗可以分为认知对抗与价值观对抗两种主要形式。其中，价值观对抗是认知对抗的核心内容。

特别注意，本书所说的"认知"就是广义的认知，包括感觉、狭义认知、评价和意志四个方面，等同于"意识"；本书

认知对抗论

所谓的"认知对抗"是广义的认知对抗，包括感觉对抗、狭义认知对抗、评价对抗和意志对抗四个方面，等同于"意识对抗"；同理，本书所谓的"认知同化"是广义的认知同化，等同于"意识同化"，包括感觉同化、认知同化、评价同化和意志同化。本书之所以要采用"认知对抗"的概念，而不采用"意识对抗"的概念，就是考虑到目前的理论界对此已经约定成俗。

第一节 认知对抗的层次结构

人的意识（广义认知）可分为自然认知（自然认识）和价值认知（价值认识）两类，那么，人的认知对抗也可分为自然认知对抗（自然认识对抗）与价值认知对抗（价值认识对抗）两类。

一、自然认知对抗的层次结构

自然认知的层次可分为四个层次：自然印象、自然概念、自然定律（自然规则）和自然理论。那么，自然认知对抗的层次也可分为四个层次：自然印象对抗、自然概念对抗、自然定律对抗（自然规则对抗）和自然理论对抗。

二、价值认知对抗的层次结构

价值认知的层次可分为四个层次：价值印象、价值概念、价值定律（价值规则）和价值理论。那么，价值认知对抗的层次也可分为四个层次：价值印象对抗、价值概念对抗、价值定律对抗（价值规则对抗）和价值理论对抗。

三、认知对抗的全层次结构

结合"自然认知对抗的层次结构"与"价值认知对抗的层

认知对抗论

次结构",可得印象对抗可分为自然印象对抗与价值印象对抗两个方面,概念对抗可分为自然概念对抗与价值概念对抗两个方面,定律对抗(规则对抗)可分为自然定律对抗与价值定律对抗两个方面,理论对抗可分为自然理论对抗与价值理论对抗两个方面。

认知对抗的全层次结构,如下图所示:

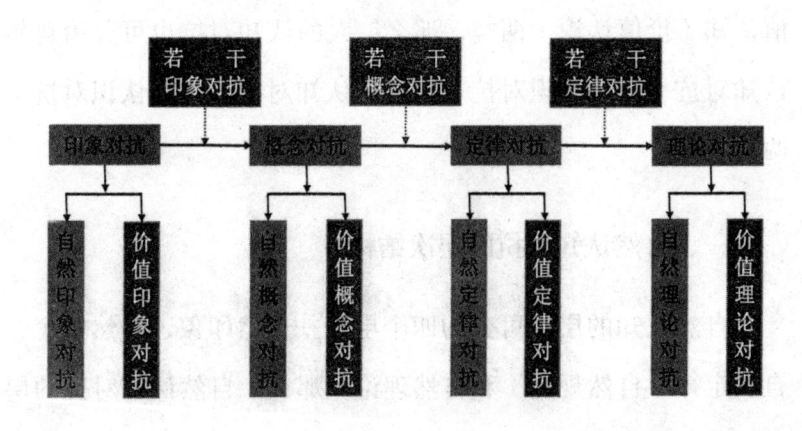

第二节 认知对抗的本质及影响因素

人与人之间的认知交互作用，可分为认知同化和认知对抗两种基本形式。认知是一种主观形式，认知同化和认知对抗也属于主观意识。根据辩证唯物主义观点，任何主观意识都是对于客观事物的反映。那么，认知同化与认知对抗所对应的客观事物是什么呢？

一、认知对抗与认知同化的本质

主体之间针对某些事物所结成的合作关系与交流关系作为一种客观事物，必然会反映到人脑中，形成特定形式的主观意识。为此提出**认知同化**的概念：主体之间针对某些事物所结成的合作关系与交流关系反映到人的主观意识中。

同理，主体之间针对某些事物所结成的竞争关系与博弈关系作为一种客观事物，必然会反映到人脑中，形成特定形式的主观意识。为此提出**认知对抗**的概念：主体之间针对某些事物所结成的竞争关系与博弈关系反映到人的主观意识中。

统一价值论认为，价值是人类生存与发展的动力源，人类的一切行为都是围绕价值生产与价值消费为核心内容而展开的；人与人之间所有关系的核心内容都是价值关系，其客观目的都在于彼此追求自己的价值最大化。因此，主体之间（包括个人与个人、国家与国家）所有的合作关系与交流关系，其核心内容是价值合作关系与价值交流关系，因此，认知同化的核心内容是价值观同化。同理，主体之间所有的竞争关系与博弈关系，其核心内容是价值竞争关系与价值博弈关系，因此，认知对抗的核心内容是价值观对抗。

二、认知对抗的影响因素

认知对抗的影响因素有：

1. 知识水平不同。知识水平较高的人对于事实的认知通常较为全面、深刻、辩证；知识水平较低的人对于事实的认知通常较为片面、肤浅、机械。

2. 社会地位不同。不同社会地位的人往往代表不同的社会关系（包括经济关系、政治关系与文化关系），并拥有不同的世界观、价值观与人生观。

3. 社会环境不同。发达地区、高端社区的人对于事实的认知通常较为全面、深刻、辩证；欠发达地区、低端社区的人对于事实的认知通常较为片面、肤浅、机械。

4. 技术手段不同。能够借助先进的辅助观察、分析与处理手段和工具，就可以比较全面、深刻、辩证地认知事物。

5. 专业知识不同。对于专业知识，专业人员的认知较为全面、深刻、辩证，非专业人员的认知较为片面、肤浅、机械。

6. 个人素质不同。包容性、开放性、温和性较强的人，对于事物的认知通常较为全面、深刻、辩证；包容性、开放性、温和性较弱的人，对于事物的认知通常较为片面、肤浅、机械。

7. 生活经历不同。生活经历较为丰富的人通常对于事物的认知较为全面、深刻、辩证；生活经历较为简单的人通常对于事物的认知较为片面、肤浅、机械。

8. 信息通道不同。信息通道较为宽泛、顺畅的人通常对于事物的认知较为全面、深刻、辩证；信息通道较为狭窄、阻隔的人对于事物的认知通常较为片面、肤浅、机械。

9. 利益冲突。在利益关系的驱动下，人有时会故意捏造或掩盖、夸大或缩小、歪曲或揭露、否定或肯定某些事实依据。例如，人们往往因为隶属不同的利益集团对同一事物有截然不同的观点。

10. 历史偏见。不同阶层、不同肤色、不同民族、不同宗教、不同职业、不同团体、不同性别的人，往往会产生不同的认知倾向和历史偏见。

第三节 认知对抗指数

两个主体之间认知对抗的强度可采用认知对抗指数来衡量。

一、认知对抗指数的定义

对于单一事物的认知，两个主体之间所产生的客观认知对抗强度，取决于双方对于事物认知情况的差异程度。例如，对于某个物体的重量进行估算，有些人的估算会偏高，有些人的估算会偏低，那么这两个人的认知对抗强度就等于双方的重量估算值之差值。

世界上的事物复杂多样，其描述方式与衡量尺度也是丰富多彩，既有无量纲的纯数字，也有物理性或自然性量纲（如重量方面的"克"、长度方面的"米"、力量方面的"牛顿"、温度方面的"摄氏度"、能量方面的"焦耳"等），还有人文性或社会性量纲（如真与假、美与丑、善与恶等）。那么，对于不同类型的事物，认知对抗与认知差异程度的描述该如何进行统一的量化分析？为此提出**认知对抗指数**的概念：用以衡量两个不同主体之间对于相同事物认知对抗程度的基本参量。

认知对抗指数确定的具体方法是：按照百分制，确定主体之间认知对抗的程度，完全相同的认知情况取值为 0 分，完全相反的认知情况取值为 100 分，其余认知情况取值为 0 分至 100

分之间。

二、认知对抗的事物选取

主体之间通常在众多事物方面都存在认知对抗的问题,那么,应该选取什么事物来进行对抗性度量呢?

两个主体为了各自生存与发展的需要,相互之间总会存在这样那样的矛盾和冲突,往往会有一些关键性事物,双方对于这些事物的认知情况及其差异,将会直接或间接地严重影响各自的利益。因此,就应该选取这些关键性事物或焦点事物来进行认知对抗的分析。如宗教团体之间的上帝或真主之争、创世论之争、世界本源之争、有神论与无神论之争。又如政党之间执政理念关于民主与共和之争、激进与保守之争、战争与和平、政府干预与自由竞争之争。总之,认知对抗的事物选取必须依据利益相关性大小来进行。

例如,美国的民主党与共和党之间的认知对抗,主要表现在个体责任、政府权力、经济政策、对外政策、税收与支出、堕胎、民权、控枪、环境、能源、同性婚姻等方面。在每个认知差异方面,可以选择某个或某几个具有代表性的、鲜明对立的具体事物,作为衡量民主党与共和党之间认知对抗的评判对象,如"对外政策"方面可以选择"对华政策",而在"对华政策"中还可以选取"关税问题"作为衡量两党之间认知对抗的具体事物。

三、认知对抗的权重选取

对于多个事物来说,两个主体之间所产生的认知对抗强度,并不取决于双方认知对抗指数的算术平均值，而取决于加权平均值。那么，每个事物在认知对抗指数中的权重如何来确定呢？

显然，利益相关性越大的事物，其认知对抗指数的权重就越大。因此，每个事物必须根据利益相关性大小的顺序来确定其认知对抗指数的权重。

四、认知对抗指数的计算方法

认知对抗指数的计算方法：

一是对两个类型的主体（个人、集体或国家）之间进行认知对抗分析时，可选取十个彼此利益相关性最强（或者双方都非常关注）的认知事物或认知参数；

二是根据双方对于这些事物认知的差异程度由大到小进行排序，每个事物的权重由10到1递减分配。

三是双方对于同一事物的认知对抗指数取值为完全相同的认知为0分，完全相反的认知为100分，其余认知情况取值为0分至100分之间。

四是认知对抗指数等于10个认知事物对抗指数的加权平均值，其取值范围为（0，100），其中，认知程度完全一致为0分，认知程度完全对抗为100分。

第四节　价值是人类生存与发展的动力源

"价值"是社会科学中基础而普遍的概念，如果能够从自然科学的角度进行精确而严谨的定义，就可以使其具有较强的逻辑严谨性与数学精确性，不仅可以推动价值理论的自然科学化，还可以推动整个社会科学的"自然科学化"。

一、物质系统与生命系统的统一性

根据物理学的"热力学第一定律"，可以推导出**熵增原理**：系统的熵函数（能量与温度的比值）是物质系统有序化程度的判别函数，系统的"熵值"越大，其无序化程度就越大，而且物质系统总是自发地朝着无序化的方向发展，即自发地出现"正熵"。

然而，生命系统和人类社会系统却是另一番景象。随着生物的不断进化，生物种类不断分化、演变而增多，结构不断走向有序化，功能不断走向强化，整个生物界和人类社会都是自发地向着更为高级、更为有序的组织结构发展，即自发地出现"负熵"。

难道生命系统与非生命系统之间真的有着完全不同的运动规律吗？为此，物理学家普利高津创立了"耗散结构论"，他认为，当物质系统处于"开放态""远平衡态""非线性作用态"，且从外界输入"负熵流"时，就可以转化为一种具有自组织能力的"耗散结构"（生命系统）。从而在理论上初步解决了物质系统与生命系统的统一性问题。

二、对"耗散结构论"的重大改造

"耗散结构论"在原则上拉近了物理学与生物学之间的距离，但它无法顺利延伸到生物领域与人类社会领域，无法完全把物理学、生物学与整个社会科学无缝对接起来，无法把"负熵"概念与"价值"概念完全衔接起来，无法实现整个社会科学的"自然科学化"，就是因为它存在两个致命缺陷：一是只考虑"能量交换"因素，而完全忽略"物质交换"因素与"信息交换"因素对于生命系统的有序化影响程度；二是没有理解"熵"与"负熵"的核心内涵。

如果对"耗散结构论"进行两个方面的重大改造，就可以为彻底解决"负熵"概念与"价值"概念的衔接问题铺平道路。

1.区分"直接负熵"与"间接负熵"。"能量交换"只能形成生命系统的"直接负熵"，而"物质交换"与"信息交换"可以形成生命系统的"间接负熵"。能量特性只是物质特性的一个方面，物质还有许多非能量特性（如隔热性、强度性、硬度性、渗透性、吸附性等），它们可以提高或降低"直接负熵"的作用效率，并对"直接负熵"产生替代作用或强化作用，从而形成"间接负熵"。而且"间接负熵"可以折算成一定数量的"直接负熵"。例如，衣服在冬天的隔热功能可以减少人体热量的散发，就是间接地维持人体能量；衣服可以减少人体安全与健康功能方面的安全隐患与疾病概率，也是间接地维持人体能量；衣服在人的社会角色认定功能与社会审美功能方面，可以降低人的社会生命失效率，也能间接维持人体能量。

2.区分"有序化能量"与"无序化能量"。"熵"是一个多元函数（能量与温度比值），它是不可能独立存在的；"能量"却是一个单元函数，而且是可以独立存在的。在温度相对稳定的情况下，熵函数大小的决定性因素是能量。因此，"负熵"的核心内涵就是"有序化能量"，用以推动生命系统的有序化进程；"正熵"的核心内涵就是"无序化能量"，用以推动生命系统的无序化进程。

三、价值的物理学定义

通过对"耗散结构论"的重大改造，可以发现，"负熵"的核心内涵是"有序化能量"，"直接负熵"的核心内涵就是"直接有序化能量"，"间接负熵"的核心内涵就是"间接有序化能量"。为此提出**广义有序化能量**的概念：直接有序化能量 Q_s 与替代有序化能量 Q_t 之代数和，用 Q_g 来表示，即：

$$Q_g = Q_s + Q_t$$

其中，"间接有序化能量"对于主体起着替代、补偿、加强与扩展"直接有序化能量"的作用，从而可折算成一定数量的"直接有序化能量"。

进一步研究表明，"广义有序化能量"的内涵与社会科学领域"价值"的内涵完全吻合，由此可得**价值**的物理学定义：广义有序化能量。

从物理学角度定义"价值"概念，实现了物理学的"负熵"概念与社会科学的"价值"概念的无缝对接，这是价值理论的一次重大突破，从而为实现价值理论的统一化、数学化和自然科学化奠定理论基础，并架起社会科学通向自然科学的桥梁。

进一步研究表明，人类的进化过程就是价值层次不断进化的过程，可分为六个进化阶段：一是从"无机化学能"向"无机能价值"的进化；二是从"不可通兑价值"向"可通兑价值"的进化；三是从"能量型价值"向"非能量型价值"的进化；四是从"独立性价值"向"关联性价值"的进化；五是从"不可计量价值"向"可计量价值"的进化；六是从"不可预测价值"向"可预测价值"的进化。也就是说，从原始的生物价值到人类高层次价值的进化可分为六个阶段：无机化学能→无机能价值→有机能价值→环境要素价值→生理性价值→个体性价值→社会性价值。总之，人类所有的价值都起源于能量。

四、价值以能量为核心

能量是物质运动规模的统一尺度，运动属性是一切物质的最基本属性，其他属性都是运动属性的衍生属性。能量是维持和改变一切物质运动原有规模的动力源，物质运动规模的变化必然会导致能量的流动。"耗散结构"的有序化运动是以价值作为动力源的，而一切物质系统的无序化运动都是以能量作为动力源的。无论是有序化运动，还是无序化运动，都是物质运动的不同表现形式，都是以能量作为动力源的。因此，价值是能量的特殊表现形式。

价值包括有序化实能（直接有序化能量）与有序化虚能（间接有序化能量）两个部分。有序化虚能是由有序化实能转化而来的，它反映了有序化实能与主体之间的间接作用关系。人类的进化水平越高，社会的价值层次越高，直接有序化能量（有序化实能）在价值总量中所占的比重越小，间接有序化能量（有序化虚能）在价值总量中所占的比重（价值虚实系数）越大。对于极低等的生物来说，食物中的"生物化学能"在其价值总量中占有绝对高的比重。

研究表明，有序化实能都是由能量转化而来的，有序化虚能也是由有序化实能转化而来的，因此，任何价值最终都是由能量转化而来的，价值与能量的逻辑关系如下图：

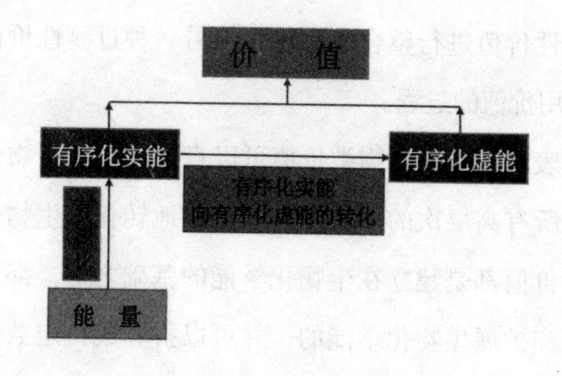

```
          价  值
         ↗      ↖
    有序化实能 → 有序化虚能
      ↑      有序化实能
      |    向有序化虚能的转化
      |
     能  量
```

五、价值对于人类生存与发展的作用

汽车的动力源主要是汽油，电动机的动力源主要是电能，植物的动力源主要是光能，动物的动力源主要是食物。

人的生命运动需要不断消耗各种形式和各个层次的价值，同时又会不断生产出各种形式和各个层次的价值；人的生命系统可以看作是价值的投入产出系统，各种不同的价值在这个价值系统中分别担任不同的功能角色，并有特定的运行轨迹；各种不同的价值在这个系统中相互作用、相互转化，共同完成人类价值运行的生命过程。简而言之，价值是人类生存与发展的动力源。

研究表明，人类的生命运动可分解为三个具体过程：一是消费过程；二是生产过程；三是劳动过程。其中，消费过程就是把各种消费性价值分解、消化、吸收和利用，并转化为人类机体生命运动所需要的内在潜能（或过渡性价值）的过程；生产过程就是把各种生产性价值经过分解、消化、吸收和利用，并转化为人类机体生命运动所需要的内在潜能的过程；劳动过程就是将消费过程所产生的过渡性价值，与生产过程所产生的等效过渡性价值进行整合，并转化为另一种过渡性价值，最后转化为使用价值的过程。

研究表明，除了食物类价值可以直接转化为生物化学能之外，人类所有高层次的价值都可以间接地转化为生物化学能，即所有的价值都是建立在生物化学能的基础之上，都是用以替代、强化和扩展生物化学能的，并可以折算成一定数量的"标准生物化学能"。总之，所有不同形式的价值都可以进行统一度量，且其度量单位就是能量单位：焦耳。

统一价值论实现了不同形式价值的统一度量，而且这种统一度量建立在物理学基础之上。这是价值理论的重大历史性突破，从而大大推进了价值理论的统一化、数学化与自然科学化，进而大大推进了整个社会科学的统一化、数学化与自然科学化。

人类价值运行图如下所示：

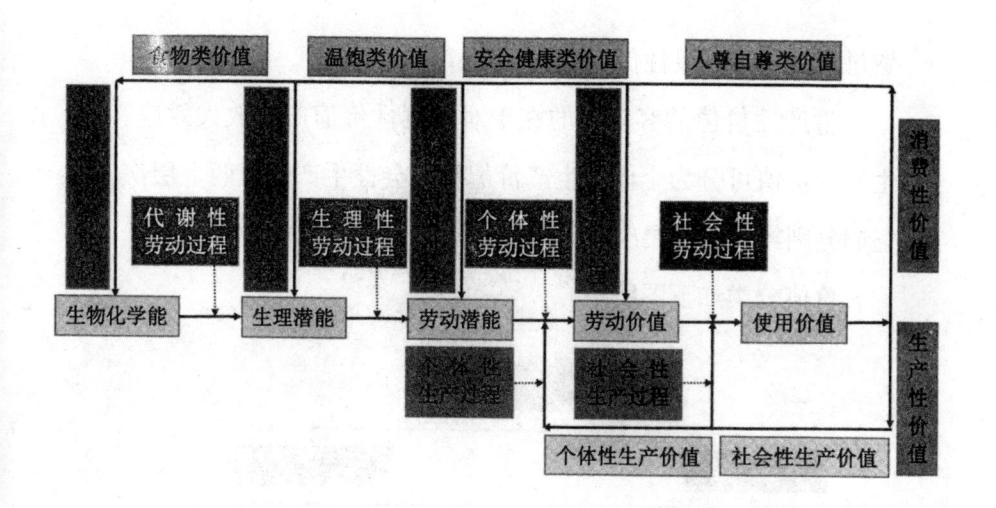

六、价值分类

根据人类价值运行图可知，价值可分为使用价值与过渡性价值两大类型。

1. 过渡性价值及其分类

过渡性价值：在生命系统的价值运行过程中，那些即时产生、又即时消失，并承担价值转换中介作用的特殊价值形式。

过渡性价值（劳动性价值）可分为生物化学能、生理潜能、劳动潜能和劳动价值，它们分别为人类的四个不同层次的劳动过程提供动力源。

2. 使用价值及其分类

使用价值：在生命系统的价值运行过程中，那些直接参与消费过程与生产过程，并为劳动过程所整合的普通价值形式。

使用价值可分为消费性价值与生产性价值两大类型。

消费性价值可分为食物类价值、温饱类价值、安全健康类价值、人尊自尊类价值四个层次，它们分别经过不同层次的消费过程转化为过渡性价值。

生产性价值的客观目的在于对过渡性价值产生放大效应。生产性价值可分为个体性生产价值和社会性生产价值两个层次，它们分别经过不同层次的生产过程转化为等效的过渡性价值。

价值分类如下图所示：

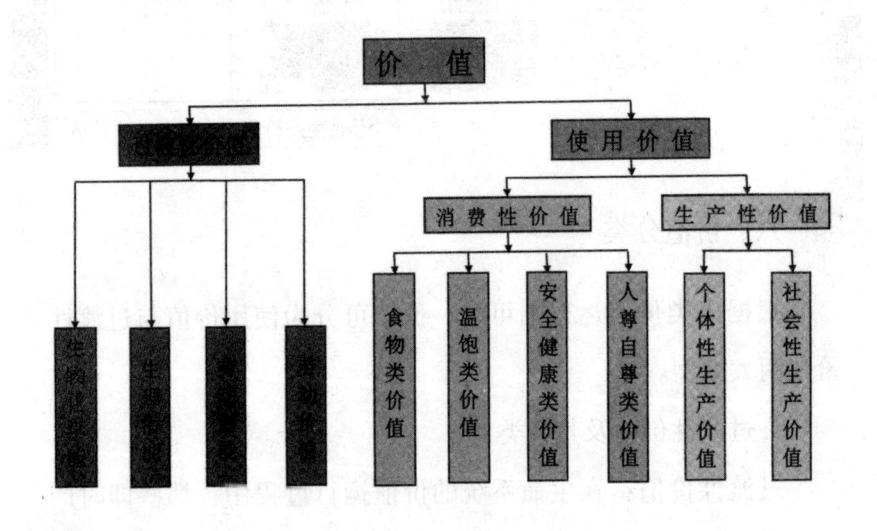

第五节 价值关系是社会关系的核心内容

人为了生存与发展，一方面需要与自然界的各种事物建立广泛的自然关系，另一方面需要与他人建立广泛的社会关系（如经济关系、政治关系、文化关系及人际交往关系等）。价值生产与价值消费是人类生命运动的核心内容，人与自然界所建立的各种自然关系的核心内容必然是价值关系，人与人所建立的各种社会关系的核心内容也必然是价值关系。换句话说，无论是人与自然界所建立的自然关系，还是人与人所建立的社会关系，都是由价值关系决定其兴衰与存亡的。

一、广义价值规律

统一价值论认为，任何事物的价值率同时受到两种力的作用：一是由于受到主体的价值作用（通过改变价值资源的价值投入方向），事物的价值率不断趋近于主体的中值价值率；二是由于受到各种微观扰动因素的作用，事物的价值率不断偏离主体的中值价值率。这就是"广义价值规律"。

广义价值规律：事物的价值率 Ψ 围绕主体的中值价值率（平均价值率）Ψ_0 上下波动，即：

$$\Psi \fallingdotseq \Psi_0$$

式中，"≒"表示前者以后者为基础，并围绕后者上下波动。

广义价值规律的运行程序：当事物的价值率大于主体的中值价值率时，主体就会不断扩大该事物的价值规模，结果在边际效应规律的作用下，该事物的价值率就会不断下降并趋近于主体的中值价值率；当事物的价值率小于主体的中值价值率时，主体就会不断缩小该事物的价值规模，结果在边际效应规律的作用下，该事物的价值率就会不断上升并趋近于主体的中值价值率；当事物的价值率等于主体的中值价值率时，主体就会维持该事物的价值规模不变，但受到各种微观扰动因素的作用，该事物的价值率将会围绕主体的中值价值率上下波动。

可以证明，商品价值规律（商品的价格围绕其价值上下波动）是广义价值规律的一种具体表现形式。

二、社会关系的兴衰取决于价值关系

为了更好地生存与发展，人与人之间会结成各种各样分工与合作的社会关系，包括经济关系、政治关系与文化关系。社会关系作为一种特殊的社会性事物，必然遵循广义价值规律，由此可得**社会关系矛盾运动规律**：一切社会关系的价值率围绕社会关系的中值价值率（平均价值率）上下波动。

社会关系矛盾运动规律具体体现为：社会关系的存在规模（兴衰程度）完全取决于各种社会关系的价值率。价值率较高的社会关系就会不断扩展其存在规模，并走向兴旺；价值率较低的社会关系就会不断缩小其存在规模，并走向衰退。总之，社会关系的兴衰存亡完全取决于社会关系及相关主体之间的价值关系。

总之，价值关系的兴衰在根本上决定着社会关系的兴衰。

三、社会矛盾的根源是价值矛盾

根据社会关系矛盾运动规律，可知所有社会矛盾的根源都是价值矛盾（利益冲突）。具体表现在三个方面：

1. 所有主体之间的矛盾都是价值矛盾。无论是个人之间的矛盾、个人与集体之间的矛盾、集体与集体之间的矛盾，在本质上都是利益关系的矛盾。任何主体的价值资源都是有限的，因此，任何主体都会争取价值资源的最大价值率，而各个主体在实现最大价值率的过程中，总会存在或多或少、这样或那样的问题与障碍，这就需要主体之间进行各种形式的斗争与妥协。主体之间的所有矛盾与冲突总是围绕其直接利益与间接利益、眼前利益与长远利益、物质利益与精神利益、显性利益与隐性利益、整体利益与局部利益而展开，不可能存在无任何价值目的或价值内容的矛盾与冲突。

2. 所有社会关系的矛盾都是价值矛盾。社会关系可分为社会分工类（如经济类）、社会管理类与社会意识类三个层次，所有社会关系在本质上都是价值关系，因此无论是经济矛盾（如能源之争、市场之争、技术之争、人才之争等）、政治矛盾（如法律之争、政权之争、政党之争等），还是文化矛盾（如学术之争、宗教之争、主义之争、艺术之争等），在本质上都是价值矛盾或利益矛盾。

3. 所有具体内容的矛盾都是价值矛盾。根据价值具体内容的不同，价值可分为资源类价值、行为类价值与意识类价值三种，因此主体之间具体内容的矛盾可分为资料类矛盾（如土地、水源、矿产等），行为类矛盾（如偷盗行为、打架行为、见义勇为行为、交通违规行为等），思维类矛盾（如理论之争、真理之争、宗教信仰之争、自由与平等之争、审美观念之争、善恶标准之争等）。因此主体之间所有具体内容的矛盾在本质上都是价值关系或利益关系的矛盾。

第六节 认识的核心内容是价值观

认识是人脑对于客观事物的主观反映，而客观事物主要表现为存在特性、事实特性、价值特性、行为特性，它们分别对应着感觉、认识、评价与意志。其中，感觉是对存在特性所产生的主观反映，认知是对事实特性的主观反映，评价是对价值特性的主观反映，意志是对于行为特性的主观反映。在这四种主观反映形式之中，价值观是最为核心的认识形式。

一、认识世界的目的在于改造世界

人永远不会做无意义的事，人不可能纯粹地为认识世界而认识世界，认识世界的目的在于改造世界。正确的认识可以形成正确的意志（或决策），进而形成正确的行为，从而达到正确地改造世界的目的。

人类认识世界的过程可分为两个部分：一是自然认识，主要通过感觉方式与认知方式来实现；二是价值认识，主要通过评价方式和意志方式来实现。

由于认知建立在感觉的基础之上，评价建立在认知的基础之上，意志又是建立在评价的基础之上，因此，人认识世界的过程是一个由浅入深、由简单到复杂、由现象到本质的发展过程。人类从认识世界到改造世界的过程，是一个闭合循环系统，即：

从认识世界到改造世界，再从改造世界回到认识世界。这是一个不断循环的发展过程。

人类从认识世界到改造世界的逻辑过程，如下图所示：

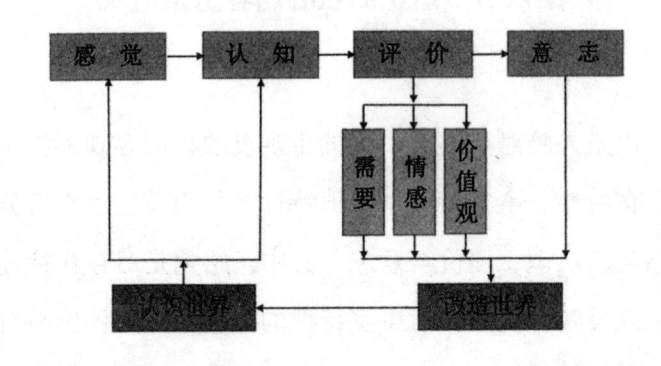

```
感觉 → 认知 → 评价 → 意志
 ↑          ↓
 |      需要 情感 价值观
 |          ↓
 认识世界 ← 改造世界
```

二、改造世界基于正确的"三观"

人改造世界的目的在于使世界变得适合于自己的生存与发展。价值是人类生存与发展的动力源，人必然会最大限度地增加自己的价值量。

每个人都是一个价值的投入产出系统，也是各种价值相互作用、相互转化的辩证过程：一方面需要不断地通过消费过程投入各种形式的消费性价值（如食物类价值、温饱类价值、安全健康类价值、人尊自尊类价值），并不断地通过生产过程投入各种形式的生产性价值（如个体性生产价值、社会性生产价值）；另一方面需要不断地通过劳动过程产出各种形式的使用价值（包括消费性价值和生产性价值）。然而，每一个人的价值资源都是有限的，因此必须最大限度地提高价值率，以实现价值资源的最大增长率。总之，人们改造世界的目的在于实现自己的最大价值率，以更好地生存与发展。

人类改造世界的逻辑过程：一是通过"认识世界"，来形成正确的"三观"（世界观、价值观与人生观）；二是通过"三观"的分析，来完成方案制订过程；三是通过"三观"的指导，来完成行为驱动过程；四是通过"三观"的实现，来完成效果评估过程；五是通过"三观"的检验，来完成效果对比过程；六是通过"三观"的修正，来形成新的"三观"。

人类改造世界的逻辑过程，如下图所示：

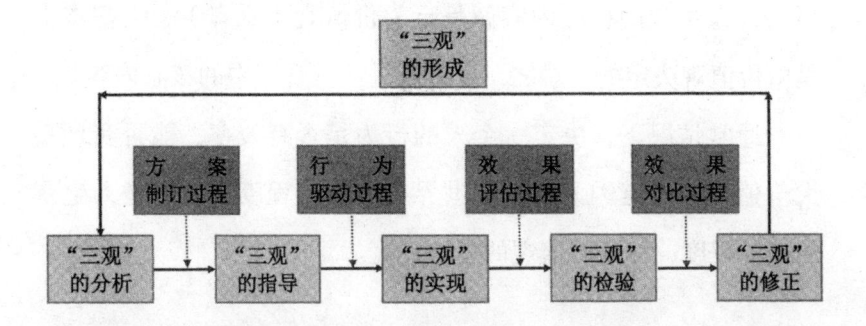

显然，要想使人类改造世界的逻辑过程得以顺利实施，其根本前提是保持"三观"的正确性。否则，就会形成错误的方案，将会导致错误的行为，必然产生错误的效果（包括认识效果与价值效果两个方面），无法通过"三观"的检验，最终必须进行"三观"的纠错。

三、"三观"的核心内容是价值观

价值是人类生存与发展的动力源，人的一切行为都围绕价值展开，而且一切行为的具体内容只有"价值消费"与"价值生产"两个方面。每个人的价值资源都是有限的，因此必须最大限度地实现价值资源的最大增长率。总之，人要想实现自己的最大价值率，其首要前提就是必须对事物的价值特性有正确的认识与判断，并且能够正确地表达价值、识别价值、计算价值、分配价值、消费价值与创造价值。显然，要做到这一点，人必须要有正确的价值观。

而且，人类改造世界的活动过程是在"三观"的指导与控制下完成的，而在"三观"中，世界观本身并不对人的行为产生直接控制作用，它主要是通过影响价值观来间接地控制人的行为；人生观的核心内容就是行为价值观（意志），它基本上是由价值观决定的。总之，价值观是"三观"中的核心内容。

通常情况下，决定一个人的行为是否有效率，能否实现最大价值率的关键因素，不是世界观的偏差程度，也不是人生观的偏差程度，而是价值观的偏差程度。

第七节 认识对抗的核心内容

认识的核心是价值观，那么，认识对抗的核心就是价值观对抗。

一、认识对抗的两种主要形式

认识对抗（广义的认知对抗）反映了人类主体之间对于认识的差异程度，包括感觉对抗、认知对抗、评价对抗与意志对抗四个层次。由于感觉可以看作是一种初级形式的认知，感觉对抗可以归类于认知对抗。人的需要是在价值观的引导下产生的，需要对抗可以归类于价值观对抗；情感与价值观是平行运动并产生等效作用的，情感对抗可以归类于价值观对抗；意志是一种特殊价值观（行为价值观），意志对抗也可以归类于价值观对抗。总之，认识对抗可以分为认知对抗与价值观对抗两种主要形式。

二、认识对抗的核心内容

认知建立在感觉的基础之上，评价建立在认知的基础之上，意志建立在评价的基础之上，因此，价值观是高层次的认知。同理，价值观对抗建立在认知对抗的基础之上，即价值观对抗是高层次的认知对抗。

认知对抗论

认识世界的根本目的在于改造世界，即认识世界的活动必须服务于改造世界的活动，并以改造世界的活动为导向，因此，人的认识必须以价值观为导向。在认识对抗领域，"认识世界"的具体内容就是识别双方在感觉与认知方面的差异，它主要通过"认知对抗"的方式来完成；而"改造世界"的具体内容就是重新调整双方之间的利益关系，它主要通过"价值观对抗"的方式来完成。显然，"重新调整双方之间的利益关系"是认识对抗的最终目的与核心内容。总之，认识对抗的核心内容就是价值观对抗。

三、价值观对抗的基本特点

相对于认知对抗，价值观对抗具有如下特点：

1. 价值观对抗更为核心。感觉是为认知服务的，认知是为价值观（或情感）服务的。认知是感觉的高级形式，价值观是认知的高级形式，因此认识的核心内容是价值观，认识对抗的核心内容必然是价值观对抗。

2. 价值观对抗更为复杂。一般来说，存在关系与事实关系没有主体性，只有价值关系具有主体性。主体性是指事物的价值取决于三个方面的要素（价值三要素）：主体的品质特性（价值的主体性）、客体的品质特性（价值的客体性）、介体的品质特性（价值的介体性）。也就是说，存在关系与事实关系不会因为主体的改变而改变，只有价值关系会随着主体的改变而改变，同一事物对于不同的主体往往会体现出不同的价值。相对于存在关系与事实关系的认识，人对于价值关系的认识更为复杂。因此，价值观比认知更为复杂，价值观对抗比认知对抗更为复杂。

3. 价值观对抗更为重要。人的活动可分为认识世界与改造世界两大类，其中，认识世界的活动主要通过认知来指导，改造世界的活动主要通过价值观来指导。认识世界的最终目的在于改造世界，相对而言，改造世界比认识世界更为重要。因此，价值观比认知更为重要，价值观对抗比认知对抗更为重要。

4. 价值观对抗更为尖锐。认知不具有主体性，即相同的事物对于不同主体所体现的事实关系是完全一致的，因此主体之间在认知上的差异程度是相对微小的。价值观具有鲜明的主体性，即相同的事物对于不同主体所体现的价值关系完全不同，因此，主体之间在价值观上的差异程度是非常显著的。总之，主体之间所产生的认知对抗是相对微弱的，而主体之间所产生的价值观对抗是相对显著和尖锐的。

第八节 自然性认知对抗系统

为了更好地生存与发展,人与自然界通常会形成各种各样的作用关系,并通过这些自然关系的运行,得到相应利益。一方面,人与人之间由于各种自然关系的运行而产生许多共同利益,反映到人的主观意识之中,就会形成人与人之间的自然性认知同化;另一方面,人与人之间由于自然关系的运行而产生许多矛盾利益,反映到人的主观意识之中,就会形成人与人之间的自然性认知对抗。

人与自然所结成的作用系统是一个非常复杂的系统,每个自然元素(如产品、技术与科学)之间都有着十分严密的逻辑关系,它们各司其职,而且相互制约、相互推动。归纳起来,自然性系统存在两种结构:层次结构与对称结构。

一、自然性系统的层次结构

自然性系统可分为三个基本层次:资料、行为与意识。其中,行为是关于资料的规则体系,意识是关于行为的规则体系,意识是关于资料的规则的规则体系。

二、自然性系统的对称结构

自然性系统中每个层次都存在两个对称元素:规范性元素

与非规范性元素。其中，资料的规范性元素是产品，资料的非规范性元素是资源；行为的规范性元素是技术，非规范性元素是个性；意识的规范性元素是科学，非规范性元素是作风。

自然性系统的逻辑结构，如下图所示：

三、自然性认知对抗系统的逻辑结构

自然性系统中每个层次都存在两个对称元素，那么，自然性认知对抗系统也包括两个方面：层次结构与对称结构。

自然性认知对抗系统的逻辑结构，如下图所示：

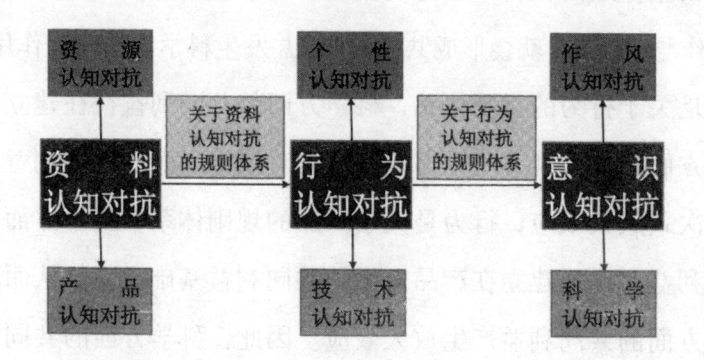

四、产品、技术与科学的认知同化

1. 产品领域的认知同化

当主体之间在产品生产、资源开发、原材料利用、环境保护等方面进行合作与交流时，就会形成共同利益，并发生产品认知同化作用。

2. 技术领域的认知同化

当主体之间在新产品研发、生产标准制订、生产流程管理、技术标准的确立、技术专利保护、新能源开发等方面进行合作与交流时，就会形成共同利益，并发生技术认知同化作用。行为是关于资料的规则体系，技术方面的共同利益往往建立在产品方面的共同利益基础之上，从而对技术方面的共同利益产生放大效应，则政治方面的共同利益是深层次的经济共同利益。因此，技术认知同化是深层次的产品认知同化。

3. 科学领域的认知同化

当主体之间在科学理论的创立、科学定律的发现等方面进行合作与交流时，就会形成共同利益，并发生科学认知同化作用。意识是关于行为的规则体系，科学方面的共同利益往往建立在技术方面的共同利益基础之上，从而对技术方面的共同利益产生一次式放大效应；行为是关于产品的规则体系，技术方面的共同利益往往又建立在产品方面的共同利益基础之上，从而对产品方面的共同利益产生放大效应。因此，科学方面的共同利益又会对产品方面的共同利益产生两次式放大效应。技术方面的共同利益是深层次的产品共同利益，科学方面的共同利益又是更深层次的产品共同利益。总之，科学认知同化又是更深层次的产品认知同化。

五、产品、技术与科学的认知对抗

1. 产品领域的认知对抗

当主体之间在产品生产、资源开发、原材料利用、环境保护等方面进行竞争与对抗时，就会形成矛盾利益，并发生产品认知对抗作用。

2. 技术领域的认知对抗

当主体之间在新产品研发、生产标准制订、生产流程管理、技术标准的确立、技术专利保护、新能源开发等方面进行竞争与对抗时，就会形成矛盾利益，并发生技术认知对抗作用。行为是关于资料的规则体系，技术方面的矛盾利益往往建立在产品方面的矛盾利益基础之上，从而对技术方面的矛盾利益产生放大效应，则技术方面的矛盾利益是深层次的产品矛盾利益。因此，技术认知对抗是深层次的产品认知对抗。

3. 科学领域的认知对抗

当主体之间在科学理论的创立、科学定律的发现等方面进行竞争与对抗时，就会形成矛盾利益，并发生科学认知对抗作用。意识是关于行为的规则体系，科学方面的矛盾利益往往建立在技术方面的矛盾利益基础之上，从而对技术方面的矛盾利益产生一次式放大效应；行为是关于产品的规则体系，技术方面的矛盾利益往往又建立在产品方面的矛盾利益基础之上，从而对产品方面的矛盾利益产生放大效应。因此，科学方面的矛盾利益又会对产品方面的矛盾利益产生两次式放大效应。技术方面的矛盾利益是深层次的产品矛盾利益，科学方面的矛盾利益又是更深层次的产品矛盾利益。总之，科学认知对抗又是更深层次的产品认知对抗。

六、同化关系的建立与对抗关系的化解

主体为了生存与发展的需要，总是希望最大限度地建立和发展与他人的共同价值，同时又希望妥善处理和化解与他人的矛盾利益。也就是说，主体总是希望尽快建立和发展与他人的认知同化关系，同时又希望尽快处理和化解与他人的认知对抗关系。

认知同化关系的建立：由于共同的技术价值必须建立在共同的产品价值基础之上，因此，技术认知同化关系必须建立在产品认知同化关系的基础之上，产品认知同化过程最容易，技术认知同化过程较难；由于共同的科学价值建立在共同的技术价值基础之上，因此，科学认知同化关系必须建立在技术认知同化关系的基础之上，科学认知同化过程最难。

认知对抗关系的化解：由于矛盾的技术价值必须建立在矛盾的产品价值基础之上，技术认知对抗关系必须建立在产品认知对抗关系的基础之上，必须先化解矛盾的产品价值，才能化解矛盾的技术价值，因此，产品认知对抗的化解最容易，技术认知对抗的化解较难；由于矛盾的科学价值必须建立在矛盾的技术价值基础之上，科学认知对抗关系必须建立在技术认知对抗关系的基础之上，必须先化解矛盾的产品价值、化解矛盾的

技术价值，才能化解矛盾的科学价值，因此，科学认知对抗的化解最难。

第九节　社会性认知对抗系统

为了更好地生存与发展，人与人之间通常会形成各种各样的社会关系，并通过这些社会关系的运行，得到相应利益。一方面，人与人之间由于各种社会关系的运行而产生许多共同利益，反映到人的主观意识之中，就会形成人与人之间的社会性认知同化；另一方面，人与人之间由于社会关系的运行而产生许多矛盾利益，反映到人的主观意识之中，就会形成人与人之间的社会性认知对抗。

人与人之间所结成的社会系统是一个非常复杂的系统，每个社会元素（如经济、政治与文化）之间都有着十分严密的逻辑关系，它们各司其职，而且相互制约、相互推动。归纳起来，社会性系统存在两种结构：层次结构与对称结构。

一、社会系统的层次结构

社会系统可分为三个层次：社会分工、社会管理与社会意识。其中，社会管理是关于社会分工的规则体系，社会意识是关于社会管理的规则体系。

二、社会系统的对称结构

社会系统中每个层次都存在两个对称性元素：规范性元素

和非规范性元素。其中，社会分工的规范性元素是经济，非规范性元素是民俗；社会管理的规范性元素是政治，非规范性元素是民约；社会意识的规范性元素是文化，非规范性元素是民风。其中，民约的主要内容就是伦理与道德。

社会系统的逻辑结构，如下图所示：

三、社会性认知对抗系统的逻辑结构

社会系统包括层次结构与对称结构两个方面，因此，社会性认知对抗系统也包括两个方面：层次结构与对称结构。

社会性认知对抗系统的逻辑结构，如下图所示：

四、经济、政治与文化的认知同化

1. 经济领域的认知同化

当经济主体之间在产品研发、技术引进、市场开拓、原材料供应、人才培训、商品销售、生产协作、资金投入等方面进行合作与交流时,就会形成共同利益,并发生经济认知同化作用。

2. 政治领域的认知同化

当政治主体之间在资源管理、人才管理、市场管理、资金管理、质量管理、劳动管理、教育管理、工商管理、安全管理、社会保障管理等方面进行合作时,就会形成共同利益,并发生政治认知同化作用。社会管理是关于社会分工的规则体系,政治方面的共同利益往往建立在经济方面的共同利益基础之上,从而对经济方面的共同利益产生放大效应,则政治方面的共同利益是深层次的经济共同利益。因此,政治认知同化作用是深层次的经济认知同化作用。

3. 文化领域的认知同化

当文化主体之间在社会财富分配规则、政府权力运行规则、人身自由规则、社会秩序控制规则、法律体系运行规则、公共利益保护规则、民族矛盾处理规则、宗教信仰规则等方面进行合作与交流时,就会形成共同利益,并发生文化认知同化作用。社会意识是关于社会管理的规则体系,文化方面的共同利益往往建立在政治方面的共同利益基础之上,从而对政治方面的共同利益产生一次式放大效应;社会管理是关于社会分工的规则体系,政治方面的共同利益往往又建立在经济方面的共同利益基础之上，从而对经济方面的共同利益产生放大效应。因此，文化方面的共同利益又会对经济方面的共同利益产生两次式放大效应。政治方面的共同利益是深层次的经济共同利益，文化方面的共同利益又是更深层次的经济共同利益。总之，文化认知同化作用又是更深层次的经济认知同化作用。

五、经济、政治与文化的认知对抗

1. 经济领域的认知对抗

当经济主体之间在产品研发、技术引进、市场开拓、原材料供应、人才培训、商品销售、生产协作、资金投入等方面进行竞争与对抗时，就会形成矛盾利益，并发生经济认知对抗作用。

2. 政治领域的认知对抗

当政治主体之间在资源管理、人才管理、市场管理、资金管理、质量管理、劳动管理、教育管理、工商管理、安全管理、社会保障管理等方面产生竞争与对抗合作时，就会形成矛盾利益，并发生政治认知对抗作用。社会管理是关于社会分工的规则体系，政治方面的矛盾利益往往建立在经济方面的矛盾利益基础之上，从而对经济方面的矛盾利益产生放大效应，则政治方面的矛盾利益是深层次的经济矛盾利益。因此，政治认知对抗是深层次的经济认知对抗。

3. 文化领域的认知对抗

当文化主体之间在社会财富分配规则、政府权力运行规则、人身自由规则、社会秩序控制规则、法律体系运行规则、公共利益保护规则、民族矛盾处理规则、宗教信仰规则等方面进行竞争与对抗时，就会形成矛盾利益，并发生文化认知对抗作用。社会意识是关于社会管理的规则体系，文化方面的矛盾利益往往建立在政治方面的矛盾利益基础之上，从而对政治方面的矛盾利益产生一次式放大效应；社会管理是关于社会分工的规则体系，政治方面的矛盾利益往往又建立在经济方面的矛盾利益基础之上，从而对经济方面的矛盾利益产生放大效应，因此文化方面的矛盾利益又会对经济方面的矛盾利益产生两次式放大效应。政治方面的矛盾利益是深层次的经济矛盾利益，文化方面的矛盾利益又是更深层次的经济矛盾利益。因此，文化认知对抗又是更深层次的经济认知对抗。

六、经济、政治与文化的认知互动

认知互动是指认知同化与认知对抗，其中，共同利益产生认知同化，矛盾利益产生认知对抗。

1. 经济领域的认知互动

随着社会生产力的不断发展，主体之间的共同经济利益越来越多，经济认知同化作用的范围与强度也越来越大；与此同时，主体之间的矛盾经济利益也越来越多，经济认知对抗的范围与强度也越来越大。"经济全球化"是一种社会大趋势，它标志着人与人、民族与民族、国家与国家的共同经济利益将会越来越多，由此产生的经济认知同化作用越来越强烈；与此同时，与"经济全球化趋势"伴生的"经济逆全球化趋势"也会不断增强，它标志着人与人、民族与民族、国家与国家的矛盾经济利益也会越来越多，由此产生的经济认知对抗也会越来越强烈。

"经济全球化趋势"主要表现为自由贸易主义,"经济逆全球化趋势"主要表现为贸易保护主义。

2. 政治领域的认知互动

随着社会生产力的不断发展,主体之间的共同政治利益越来越多,政治认知同化作用的范围与强度也越来越大;与此同时,主体之间的矛盾政治利益也越来越多,政治认知对抗的范围与强度也越来越大。

3. 文化领域的认知互动

随着社会生产力的不断发展,主体之间的共同文化利益越来越多,文化认知同化作用的范围与强度也越来越大;与此同时,主体之间的矛盾文化利益也越来越多,文化认知对抗的范围与强度也越来越大。

例如,中西方存在巨大的文化差异,具体表现在生活习俗、行为习惯、伦理观念、思维特征、价值取向等多方面,这种文化差异来源于中西方各自历史的长期积淀,并对每个人都打上的深深的"烙印"。中西方这种文化差异起源于不同地域、不同民族的行为方式的差异性,而不同地域、不同民族的行为方式的差异性又最初起源于地理环境的差异性和自然资源的多样性。中西方文化的差异主要表现为江河文化(或大陆文化)与海洋文化的差异。从人类的历史长河来说,两种文化各有其优势和不足,在整体上并没有好坏与优劣之分。从初级形态的现代社会来说,海洋经济更接近于初级现代经济,因此海洋文化更接近于初级现代文化;从成熟形态的现代社会来说,江河经济更接近于成熟现代经济,因此江河文化更接近于成熟现代文化。江河文化的主要特点是生命力顽强、忍耐力高；海洋文化的主要特点是活力强劲、爆发力大。一个民族的文化形态是属于海洋的，还是属于内陆的，其本质区别在于它是以农业生产为主要经济生活，还是以海上航运、海外贸易为主要的经济生活，占主导地位的经济生活决定着这个民族的基本性格和文明基调。随着生产力的发展和科技的进步，各国历史的发展越来越显示出彼此的互动性，和平与发展成为当今世界的主题，各种文化相互交融，彼此取长补短，无论是江河文化还是海洋文化，都在推动世界文明的不断进步。

江河文化与海洋文化的互动包括文化认知同化与文化认知对抗两种方式。其中，共同的文化价值引发中西方之间的文化认知同化，矛盾的文化价值引发中西方之间的文化认知对抗。江河文化与海洋文化的互动主要表现在以下几个方面：集体意识与个人意识的互动；效率意识与公平意识的互动；创新意识与继承意识的互动；法律意识与道德意识的互动；民主意识与集权意识的互动；理性思维与感性思维的互动。

中西方文化的互动如下图所示：

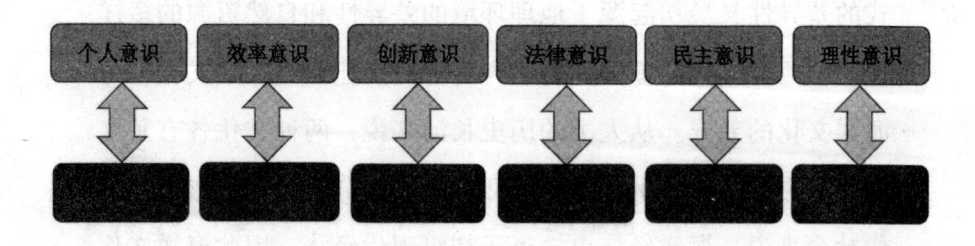

个人意识	效率意识	创新意识	法律意识	民主意识	理性意识
↕	↕	↕	↕	↕	↕

七、同化关系的建立与对抗关系的化解

主体为了生存与发展的需要，总是希望最大限度地建立和发展与他人的共同价值，同时又希望妥善处理和化解与他人的矛盾利益。也就是说，主体总是希望尽快建立和发展与他人的认知同化关系，同时又希望尽快处理和化解与他人的认知对抗关系。

认知同化关系的建立：由于共同的政治价值必须建立在共同的经济价值基础之上，因此，政治认知同化关系必须建立在经济认知同化关系的基础之上，经济认知同化过程最容易，政治认知同化过程较难；由于共同的文化价值是建立在共同的政治价值基础之上，因此，文化认知同化关系必须建立在政治认知同化关系的基础之上，文化认知同化过程最难。

认知对抗关系的化解：由于矛盾的政治价值必须建立在矛盾的经济价值基础之上，政治认知对抗关系必须建立在经济认知对抗关系的基础之上，必须先化解矛盾的经济价值，才能化解矛盾的政治价值，因此，经济认知对抗的化解最容易，政治认知对抗的化解较难；由于矛盾的文化价值必须建立在矛盾的政治价值基础之上，文化认知对抗关系必须建立在政治认知对抗关系的基础之上，必须先化解矛盾的经济价值、化解矛盾的政治价值，才能化解矛盾的文化价值，因此，文化认知对抗的化解最难。

第五章 社会思潮对于认知对抗的影响

在不同的社会历史时期，不同的自然环境与人文环境，不同的社会角色与社会阶层的价值诉求，不同的个人思维方式等条件的影响下，人们对于同一事物往往会产生不同的主观反映，从而形成不同的观点、理论或主义等社会思潮。人们的行为是由意识来进行指导和控制的，人们在意识方面的不同观点、理论或主义将会产生不同动力特性、不同价值取向的行为，进而推动社会事物与自然事物朝不同的方向发展。在各种社会思潮中，认知对抗主要体现为"主义"上的差异，它深刻地影响着人们在思维、情感与意志方面的差异，从而深刻地决定着许多社会事物的生存状态与发展方向。

一、主义的本质

无论是自然界，还是人类社会，事物与事物之间的相互作用，往往是互为前提、相互促进、共同发展的。然而，在两个事物之间的相互作用过程中，究竟是哪个事物起主导性、主动性、决定性、本源性的作用，是哪个事物起从属性、被动性、非决定性、伴生性的作用，往往是"仁者见仁，智者见智"，不同的人往往会形成不同的理论、观点或主义。

主导性事物：在事物与事物之间的相互作用过程中起主导性、主动性、决定性、本源性作用的事物。

从属性事物：在事物与事物之间的相互作用过程中，起从属性、被动性、非决定性、伴生性的作用的事物。

主导性事物与从属性事物的区分往往并不是绝对的，有些事物在某一环境条件下，可能起主导性作用，在另一环境条件下，又转化为从属性作用。

对于主导性事物与从属性事物的不同认定，就形成了不同的"主义"，由此可得**主义**的本质：人在思维过程中对于事物在相互作用过程中主导性事物与从属性事物的不同认定，从而产生不同的思维特征和不同的价值取向。

通俗地讲，"主义"就是指人们所推崇的理想、观点和主张。由于主导性事物通常在根本上决定着从属性事物的发展方向与发展规模，因此，相对于从属性事物，人们通常更加关心和重视主导性事物的发展状态，并给予它更高的价值观与更高的情感强度，从而引导人们投入更多的价值资源；相反，由于从属性事物的发展方向与发展规模通常由主导性事物决定，因此，相对于主导性事物，人们通常比较忽略从属性事物的发展状态，并给予它较低的价值观与较低的情感强度，从而引导人们投入较少的价值资源。总之，不同的"主义"决定着各种事物的不同命运，进而决定着与各种事物存在利益相关性的个人或群体的不同命运。

处于不同阶层、不同民族、不同社会角色、不同社会历史环境条件下的人们，往往与不同事物有着不同性质的利益联系，从而形成对于不同事物的情感态度与价值取向，进而倾向于选择和信仰不同的"主义"。因此，相对于一般的观点与理论，"主义"通常具有强烈的排他性、突出的特征性和鲜明的立场性。

二、主义的两大类型

人类对于事物的认识分为两大类型，一是事实认识；二是价值认识。其中，事实认识是人脑对于事实关系的主观反映，价值认识是人脑对于价值关系的主观反映。主义也相应地分为认识类主义与价值类主义两大类。

1. 认识类主义

认识类主义是指在人在思维过程中对于主导性认识类事物的不同认定。典型的认识类主义有唯物主义与唯心主义、科学主义与人文主义、进化论与人本论等。

2. 价值类主义

价值类主义是指人在思维过程中对于主导性价值类事物的不同认定。典型的价值类主义有冒险主义与保守主义、乐观主义与悲观主义、现实主义与理想主义、自由主义、三民主义等。

一般来说，认识类主义往往是哲学界、思维学界所研究的深层次的理论问题，相对地远离人们的现实生活与利益诉求，通常具有较弱的排他性、较弱的特征性和较弱的立场性。而价值类主义往往是经济、政治与文化领域所研究的一般性理论问题，它更加直接地、现实地联系着人们的切身利益，通常具有比较强烈的排他性、比较突出的特征性和比较鲜明的立场性。

第一节 民粹主义与精英主义

人类个体是一种价值资源的投入产出系统，人类群体与人类社会都是一种价值资源的投入产出系统。社会财富或社会价值资源应该采取什么样的分配方式最为合适，不同个人、不同群体往往有着不同的答案。任何人总是会站在自己的利益角度，选择对于自己最为有利的分配方式。社会价值资源的分配方式主要有三种：平均制、贡献制及均衡制，这三种分配方式所对应的社会意识形态就是民粹主义、精英主义与公平主义。

一、平均制与民粹主义

平均制是指无论能力差异，社会价值资源都是按照人头进行平均分配的社会管理方式，这种分配方式最多只是考虑年龄差异或性别差异。

平均制的本质：社会价值资源按照人头进行平均分配的社会管理方式。

平均制的社会管理方式必然会被人们的社会意识所反映，从而形成民粹主义。

民粹主义的本质：人们对于社会价值资源平均制分配方式所产生的社会意识。

民粹主义的主要内容：民粹主义（平民主义）认为，平民的利益被社会中的精英所压制或阻碍，而国家这个工具需要从这些自私自利的精英团体那里抢夺过来，用来改善全民的福祉和进步。许多民粹主义者曾经承诺过要移除"腐败的"精英阶层，并且倡导"人民优先"。民粹主义通常反对极权的精英分子，反对变质的代议制，力求让权力真正地掌握在普通公民手里，其最具特色的制度设计为：公投。作为一种社会思潮，民粹主义的基本含义是它的极端平民化倾向，即极端强调平民群众的价值和理想，把平民化和大众化作为所有政治运动和政治制度合法性的最终来源，以此来评判社会历史的发展。它反对精英主义，忽视或者极端否定政治精英在社会历史发展中的重要作用。民粹主义的基本意义就是极端的平民化，强调"全体人民""全体群众"是所有民粹主义的共同出发点。作为一种政治运动，民粹主义主张依靠平民大众对社会进行激进改革，并把普通群众当做政治改革的唯一决定性力量，而从根本上否定了政治精英在社会政治变迁中的重要作用。平民化便成为民粹主义政治运动的本质特征，从这个意义上说，所有群众性的社会政治运动往往带有民粹主义的性质。

民粹主义产生的社会根源：在生产力水平极为低下的时期，社会财富极其匮乏，而且价值层次很低，主要是食物类价值与温饱类价值。这一时期实行实行社会财富的平等制分配方式主要有三个方面的价值动因：第一，人们采摘果实与捕获猎物过程中获取食物的数量具有很大的机遇性和波动性，而且，人与人之间在智力、体力及社会关系等方面的差异性很小（主要与年龄有关），每个成员对于社会财富的贡献度的差异性比较小，而且这种差异性又比较模糊而不稳定，难以根据每个成员对于社会财富的不同贡献度来确定分配比例，因此，只能采用平等制的分配方式；第二，人的最低层次价值需要（主要是食物类价值）具有很高的刚性、通用性、独享性，如果实行精英制的分配方式，那些得到较少食物的"平民"将会因缺少基本的生存价值而很快死亡，而得到较多食物的"精英"，因多余食物在"边际效应规律"的作用下将会大幅度地降低其使用价值，造成社会财富的巨大浪费，因此，如果不实行平等制的分配方式，人类的生存就会受到严重威胁；第三，那个时期社会财富的价值形式少，价值的类型比较低级，平均分配也比较简单容易，不容易产生大的矛盾与冲突；第四，每个社会成员都是在极端条件下生存，时刻都会面临着生死的威胁，所有成员都会各尽所能，基本上没有懒人，如果有懒人出现，不是被饿死，就是被同类打死，社会财富的平等分配方式不会对成员的劳动积极性产生较大影响。

二、贡献制与精英主义

贡献制是指社会价值资源都是按照每个人对于社会价值资源的形成所产生的贡献率来确定其分配比例的社会管理方式。

贡献制的本质：社会价值资源按照每个人的贡献大小来确定其分配比例的社会管理方式。

贡献制的社会管理方式必然会被人们的社会意识所反映，从而形成精英主义。

精英主义的本质：人们对于社会价值资源贡献制分配方式

所产生的社会意识。

　　精英主义的主要内容：精英主义认为一些特定阶级的成员，或是特定人群，由于其在心智、社会地位或是财政资源上的优势，应当被视为精英。这些精英的观点应当被更加重视；这些精英的观点及行为更可能对社会有建设性作用；这些精英超群的能力或智慧令他们尤其适合于治理。精英主义通常把身份、地位、财产作为衡量精英的标准。精英主义的民主否认"人民主权""公意""共同福利"等价值取向，更倾向于将民主视为一种方法或是一种程序，对民主采取工具主义的态度。从人类历史而言，高度文明通常为上层精英所开启，因为上层精英通常不需担忧生存问题，有余力去发展文化活动，以及更高层次的文化活动——文明，但这样的成果当然是精英阶层与大众阶层合作的结果。若无大众阶层提供生产服务，精英阶层如何能有余力发展文明。由此可知，精英阶层与大众阶层的存在，在人类文明的发展上都是不可缺少的。在政治理论上，精英主义反对大众民主，主张精英治国。精英主义认为，民主制是骗人的把戏，根本不会成功，由于刻意去迎合大多数人的利益，民主政治常常发展成为所谓的"暴民政治"，只有政治精英才是民主政治的堡垒，佑护民主免于暴民政治，宣扬个人主义的英雄史观。

　　精英主义产生的社会根源：随着社会生产力的发展，人类各种价值事物的多样性、动态性和复杂性不断提高，社会关系的复杂度也在不断提高。这一时期实行社会财富的精英制分配方式主要有三个方面的价值动因：第一，人脑的复杂度提高，人类能力的构成越来越复杂，智力、体力之间的差异度加大，人类种植农作物，饲养动物，所产生的价值收益具有越来越大的稳定性和可预测性，人们获取价值资源的数量具有相对的稳定性和确定性，不再具有很高的机遇性和波动性，因此，每个成员对于社会财富的贡献度越来越清晰，从而为社会财富的精英制分配方式创造了条件；第二，价值形式的不断增多，价值层次的不断提高，而人对于高层次价值需要具有较高的弹性、特殊性和共享性，如果实行精英制的分配方式，只要这种分配不会造成严重的差异与悬殊，那些分配较少财富的平民，由于其基本的生存价值得到了保障，从而不会严重威胁其生命，而那些分配较多财富的精英，由于这些多余财富往往有着较高的价值层次，通常只会在"边际效应规律"的作用下，其使用价值会有轻微的下降，从而不会严重降低社会财富的价值率；第三，精英制的分配方式，使社会财富的分配产生一定的差异度，可大大刺激人的劳动积极性，达到奖勤罚懒的目的，从而提高社会价值的运行效率，如果实行社会财富的平均分配，懒人越来越懒，勤快人也越来越不勤快，就会出现越来越多的懒人。

三、均衡制与公平主义

精英与平民是两个不同的社会阶层，都有各自的根本利益。为了社会的和谐与稳定，就应该兼顾社会不同阶层的利益，从而站在"公正"的立场来确立社会价值资源的分配比例。

均衡制的本质：兼顾社会各阶层的利益诉求来确定社会价值资源分配比例的社会管理方式。

均衡制的社会管理方式必然会被人们的社会意识所反映，

从而形成公平主义。

公平主义的本质：人们对于社会价值资源均衡制分配方式所产生的社会意识。

公平主义的社会根源：随着社会生产力的进一步发展，特别是随着信息价值资源的大量增长，精英制逐渐暴露着越来越大的缺陷性，主要表现在：第一，由于社会信息的大量产生、社会的复杂化程度和人类机体心智结构的复杂化程度提高，人类劳动能力的差异度越来越大，社会财富的总量增加很快，如果实行精英制的分配方式，就会造成社会财富的占有情况出现严重的两极分化和巨大的消费水平反差，那些分得很少社会财富的平民，无法共享社会发展的基本成果，甚至存在严重的生存危机，容易产生社会动乱，从而对精英阶层的利益产生巨大冲击。相反，分配很多社会财富的精英，在"边际效应规律"的作用下，这些社会财富的使用价值将会显著下降，从而造成社会财富的巨大浪费。为此，必须从精英手里拿出一部分财富，补偿给平民，一方面使平民得到更多基本的生存保障；另一方面使精英实际的价值总量并不会出现明显的下降，社会财富最终的分配结果是，精英们所实际分配的社会财富比例要略小于他们的劳动能力的比例，或者说，精英们所实际分配的社会财富比例要略小于他们对于社会财富贡献度的比例。第二，随着社会分工的快速发展，价值层次不断提高，价值的弹性与共享性不断提高，人与人之间的利益相关性也在不断提高，精英在高层次价值的发展往往建立在平民的低层次价值发展的基础之上，精英们通过承担更多的社会责任、履行更多的社会义务，拿出了部分社会财富资助平民，可以使平民的低层次价值得到快速增长，从而为精英的价值持续增长创造必要条件，这样一来，精英所补偿给平民的社会财富将会得到较大程度的回馈，使平民与精英产生了互利互惠的结果。第三，精英所分配的社会财富将会有一部分通过世袭、遗产继承、婚姻、亲缘等方式向自己的子女、亲戚或朋友等相关人员进行转移，而这些转移财富的分配并不完全遵循精英制法则，使一部分人无论是否是精英，他们从一出生开始就拥有比他人更优良的生存环境，并且没有形成生存竞争的压力和积极上进的动力，因此必须对精英制分配方式通过一定的社会法则来进行适当的平均化调整，以尽量消除精英制所产生的社会财富的不合理分配格局，从而形成持续推动精英阶层积极向上的动力。

四、民粹主义与精英主义的认知对抗

民粹主义与精英主义的认知对抗主要表现在四个方面：

一是精英主义强调效率优先，民粹主义强调公平优先，公平主义兼顾效率与公平。公平是社会稳定的基础，效率是社会发展的动力，只有公平才能形成可持续的高效率。

二是精英主义强调发展优先，民粹主义强调生存优先，公平主义兼顾发展与生存。只有生存，才能形成可持续的发展。

三是精英主义强调社会差异性，民粹主义强调社会同一性，公平主义兼顾社会差异性与社会同一性。人类社会是差异性与同一性相结合的系统，社会差异性为社会的发展提供动力，社会同一性为社会的稳定提供保障。

四是精英主义强调高层次价值，民粹主义强调低层次价值，公平主义兼顾高层次价值与低层次价值。高层次价值与低层次价值的共同发展是人类进步的正确方向。

综上所述，不同社会生产力的发展水平，往往有着不同的社会财富的分配方式和与之相适应的社会意识。一般来说，平均制分配方式及民粹主义适应于社会生产力低级水平的社会历史时期，贡献制分配方式及精英主义适应于社会生产力中级水平的社会历史时期，均衡制分配方式及公平主义适应于社会生产力高级水平的社会历史时期。

正确的社会价值资源分配及社会意识应该是：不要民粹主义，但不能不顾人民；不要精英主义（或寡头主义），但不能扼杀精英；"大众"与"精英"在个人尊严与公民基本权利上应当平等。

第二节　集体主义与个人主义

人类主体可分为三种：个人、集体与社会。根据主体类型的不同，价值形态可分为个人价值、集体价值和社会价值，在任何一个社会里，个人与个人、个人与集体、集体与集体、个人与社会、集体与社会之间都存在着一定形式、一定程度的利益相关性，因此，每个人的切身利益都由三个部分构成，个人利益、集体利益及社会利益，一方面，个人利益、集体利益及社会利益通常互为前提、相互促进、共同发展；另一方面，个人利益、集体利益及社会利益又相互制约、相互独立、相互矛盾。由于社会可以看作是由若干集体所组成的"大集体"，因此，社会的所有价值可分为个人价值与集体价值两大类。那么，在人类社会的生存与发展过程中，何种价值属于主导性价值呢？何种价值属于从属性价值呢？主体对于个体价值与集体价值的不同认定方式，将会在很大程度上影响他对于许多社会事物的价值观，进而在很大程度上影响他的思想与行为，并产生不同的社会效应。

一、个人主义的本质及主要内容

社会意识中，对于个人价值的主导性地位的认定，就构成个人主义。

个人主义的本质：认定个体价值属于社会主导性价值、集体价值属于社会从属性价值的社会意识。

个人主义的主要内容：认为个人本身就是目的，社会只是达到个人目的的手段；主张一切价值以个人为中心，个人本身具有最高价值；强调个人的自由、个人的重要性、"自我独立的美德"和"个人独立"；反对权威，反对所有控制个人行动的社会强迫力量；主张一切个人在道义上是平等的。个人主义的基本思想广泛地渗透到社会各领域，它在哲学上表现为人本主义，在经济上表现自由主义，在政治上表现为民主主义，在文化上表现为文化个性主义，它所产生的社会效应往往是"个人富裕而公共穷困"。

二、集体主义的本质及主要内容

社会意识中，对于集体价值的主导性地位的认定，就构成集体主义。

集体主义的本质：认定"集体价值"属于社会主导性价值、"个体价值"属于社会从属性价值的社会意识。

集体主义的主要内容：主张个人从属于社会；个人利益应当服从集团、民族、阶级和国家利益；必要时甚至牺牲个人利益，以保护集体和国家的利益。

集体主义的基本思想广泛地渗透到社会各个领域，它在哲学上表现为人性主义，在政治上表现为集权主义，在经济上表现为国家干预主义，在文化上表现为文化共性主义，它所产生的社会效应往往是"公共富裕而个人穷困"。

衡量一个社会是"个人主义"还是"集体主义"的标准，会随着时间和国家改变。例如，日本社会以群体为取向，也被称为"人格发展缓慢"的社会；美国通常被认为是属于个人主义社会的"顶端"，而欧洲社会则较倾向于认同"公共精神"、国家的"社会主义"政策和"公共"的行动。

三、社会系统中的个人主义与集体主义

社会系统可分为三个基本层次：社会分工、社会管理与社会意识。其中，社会管理是关于社会分工的规则体系，社会意识是关于社会管理的规则体系。社会系统中的各个层次，分别对于个人主义与集体主义有着不同的倾向性。

1. 社会分工领域（或经济领域）

社会分工主要体现人与人之间的分工与合作，这就要求：一方面，每一个人都必须坚持以"个人价值为中心"，一切思想、行为及价值资源都服务于个人价值的维护和增长；另一方面，每个人所拥有的价值资源（如劳动力、生产资料、自然资源、资金、技术等）必须保持最大的"流动自由性"，以确保各种价值资源流向具有最大价值率的领域，从而遵循"最大价值率法则"（或利益最大化原则）。经济是规范性社会分工，同样要求做到两个方面：一是坚持"个人价值为中心"，二是坚持"价值资源的流动自由性"。

由此可见，在社会分工领域（尤其是经济领域），个人主义往往得到优先选择。

2. 社会管理领域（或政治领域）

社会管理是关于社会分工的规则体系，其客观目的在于提高社会分工的稳定性、可持续性与效率性。社会管理主要体现在对于社会分工的约束与管理，这就要求：一是必须"兼顾他人价值"，并且综合协调社会各方之间（包括个人与个人之间、个人与集体之间、集体与集体之间）的利益关系；二是必须坚持"价值资源的流动约束性"，从而确保个人价值的可持续增长。政治是规范性社会管理，同样要求做到两个方面：一是坚持"兼顾他人价值"，二是坚持"价值资源的流动约束性"。

由此可见，在社会管理领域（尤其是政治领域），个人主义与集体主义往往并重。

2. 社会意识领域（或文化领域）

社会意识是关于社会管理的规则体系，也是关于社会分工的规则的规则体系，其客观目的在于提高社会管理的稳定性、可持续性与效率性。社会意识主要体现在对于社会管理的约束与管理，这就要求：一是必须"充分考虑社会价值"，从而在深层次上更长远地维护和发展社会各方的利益关系；二是必须"加强价值资源的流动约束性"，从而确保个人价值与社会价值的可持续增长。文化是规范性社会意识，同样要求做到两个方面：一是必须"充分考虑社会价值"，二是必须"加强价值资源的流动约束性"。

由此可见，在社会意识领域（尤其是文化领域），集体主义往往得到优先选择。

四、个人主义与集体主义的认知对抗

个人主义与集体主义的认知对抗主要表现在四个方面：

一是个人主义强调效率优先，集体主义强调公平优先。公平是社会稳定的基础，效率是社会发展的动力，只有公平才能形成可持续的高效率。

二是个人主义强调发展优先，集体主义强调生存优先。只有生存，才能形成可持续的发展。

三是个人主义强调社会差异性，集体主义强调社会同一性。人类社会是差异性与同一性相结合的系统，社会差异性为社会的发展提供动力，社会同一性为社会的稳定提供保障。

四是个人主义强调高层次价值，集体主义强调低层次价值。高层次价值与低层次价值的共同发展是人类进步的正确方向。

五是个人主义强调精英的生存与发展，集体主义强调平民的生存与发展。

第三节 激进主义与保守主义

人类进步与社会发展应该是求稳好，还是求快好？这是一个重大的价值问题。不难理解，激进主义容易产生"欲速则不达"的价值效果，保守主义则容易产生"不进则退"的价值效果。显然，不能笼统地说，到底是激进主义好，还是保守主义好。在不同的社会条件下，这两者的优势与劣势都有可能出现反转。为此，必须认真分析这两者的基本特征，才能得知在什么情况下应该提倡采取激进主义，在什么情况下应该提倡采取保守主义。

一、激进主义的基本特征与本质

激进的基本特征：激进主义者对现实中不存在的、不熟悉的、不可靠的、不确定的事物（资料、行为与思想）保持着较高的选择倾向性，即拥有着较大的价值量或价值率；对现实中存在的、熟悉的、可靠的、确定的事物保持着较低的选择倾向性，即拥有着较小的价值量或价值率。

由此可得**激进主义**的本质：将不确定性事物的价值特性（价值量或价值率）视作主导性事物的意识（包括自然意识或社会意识）。

在通常情况下，激进者总是想改变现有事物（自然性事物如资料、行为与思想，社会性事物如社会分工、社会管理与社会意识）；他们通常对于自己现实的状态表现出不满的态度；他们希望对现有事物进行改造和变革，而且改造的幅度较大，改造的强度较高，改造的速度较快；他们往往对不存在的、不熟悉的、不可靠的、不确定的事物保持着较高的热情与容纳心。

二、保守主义的基本特征与本质

保守主义的基本特征：保守主义者对现实中存在的、熟悉的、可靠的、确定的事物（资料、行为与思想）保持着较高的选择倾向性，即拥有着较大的价值量或价值率；对现实中不存在的、不熟悉的、不可靠的、不确定的事物保持着较低的选择倾向性，即拥有着较小的价值量或价值率。

由此可得**保守主义**的本质：将确定性事物的价值特性（价值量或价值率）视作主导性事物的意识（包括自然意识或社会意识）。

在通常情况下，保守者总是固守现有事物（自然性事物如资料、行为与思想，社会性事物如社会分工、社会管理与社会意识）；他们通常对于自己现实的状态要么满意，要么不满意就认命；他们不愿意对现有事物进行改造和变革，即使想要改造现有事物，其改造的幅度也不大，改造的强度也不高，改造的速度也不快；他们往往对不存在的、不熟悉的、不可靠的、不确定的事物保持着较高的冷漠心与戒备心。

三、激进主义与保守主义的认知对抗

激进主义与保守主义的认知对抗主要表现在四个方面：

一是激进主义通常重视新生事物，保守主义通常重视现实事物；

二是激进主义通常重视创新，保守主义通常重视继承；

三是激进主义通常重视重大发展机遇，保守主义通常重视重大危险与隐患；

四是激进主义通常重视社会发展，保守主义通常重视社会稳定。

激进主义与保守主义在社会领域的认知对抗表现为：

一是在经济领域的认知对抗：经济激进主义主要表现为大力发展经济的工业化、市场化和全球化的经济思潮；经济保守主义主要表现为否认、抗拒、抵制经济的工业化、市场化和全球化的经济思潮。

二是在政治领域的认知对抗：政治激进主义主张积极推动社会重大变革；政治保守主义主张大力维护社会现状和历史传统，主张节制政治，反对社会重大变革。

三是在文化领域的认知对抗：文化激进主义主张大力破除传统文化；文化保守主义主张大力维护传统文化。

四、激进主义与保守主义的优势与劣势

从不同的观察角度，激进主义与保守主义各有优势与劣势。

从社会环境角度来看，在社会动荡环境下激进主义具有较多优势；在社会和平环境下保守主义具有较多优势。

从自然环境来看，在恶劣气候环境下激进主义具有较多优势；在温和的气候环境下保守主义具有较多优势。

从文明类型来看，在海洋文明下激进主义具有较多优势；在农耕文明下保守主义具有较多优势。

从性别角度来看，男性的激进主义具有较多优势；女性的保守主义具有较多优势。

从性格角度来看，外向型性格的激进主义具有较多优势，内向型性格的保守主义具有较多优势。

从年龄角度来看，青年人的激进主义具有较多优势，老年人的保守主义具有较多优势。

从行业角度来看，工业与第三产业工作者的激进主义具有较多优势；农业工作者的保守主义具有较多优势。

第四节 乐观主义与悲观主义

事物的价值可分为正向价值与负向价值两大类，不同的人对于正向价值与负向价值的敏感程度不同，从而表现出两种行为倾向和意识倾向，区分为乐观主义者与悲观主义者。

一、乐观主义的基本特征

乐观主义的本质：认定"正向价值"属于主导性事物、"负向价值"属于从属性事物的意识（包括自然意识或社会意识）。

在通常情况下，乐观主义者总是相信自己有足够的行为能力来迅速发展正向价值的事物，能够承受和减弱原有负向价值事物对于自己的不良影响，并使原有正向价值发挥更大的积极效应，因此，他着重关心事物的正向价值，而不太关心事物的负向价值，并把最大正向价值作为其行为方案的选择标准。这种人容易看到事物好的一面，不容易看到事物坏的一面，对于效益反应很敏感，对于亏损反映迟钝，其行为决策和价值选择总是遵循"大中取大"的基本原则。他认为，对于负向价值，自己有足够的能力把负向价值所产生的实际效果降低到最低限度；对于正向价值，自己有足够的能力把正向价值所产生的实际效果再提升到更高的程度。

二、悲观主义的基本特征

悲观主义的本质：认定"负向价值"属于主导性事物、"正向价值"属于从属性事物的意识（包括自然意识或社会意识）。

在通常情况下，悲观主义者既不相信自己有足够的行为能力来承受和减弱负向价值对自己所产生的不良影响，也不相信自己能够使正向价值发挥更大的积极效应，他认为负向价值对于自己的不良影响将是巨大的，而正向价值对于自己的积极效应却是非常有限的，因此，他着重关心事物的负向价值，而不太关心事物的正向价值，并把逃避最大负向价值作为其行为方案的选择标准。这种人容易看到事物坏的一面，不容易看到事物好的一面，对于效益反应很迟钝，对于亏损反映敏感，其行为决策和价值选择总是遵循"小中取大"的基本原则。他认为，对于负向价值，自己没有足够的能力把负向价值所产生的实际效果降低到最低限度；对于正向价值，自己没有足够的能力把正向价值所产生的实际效果再提升到更高的程度。

三、乐观主义与悲观主义的认知对抗

乐观主义与悲观主义的认知对抗主要表现在四个方面：

一是乐观主义通常敏感于事物的优点，悲观主义通常敏感于事物的缺点。

二是乐观主义通常重视"扬长"，悲观主义通常重视"避短"。

三是乐观主义通常重视重大发展机遇，悲观主义通常重视重大危险与隐患。

四是乐观主义通常认为"坚持就是胜利",悲观主义通常认为"回头是岸"与"及时止损"。

四、乐观主义与悲观主义的优势与劣势

从不同的观察角度,乐观主义与悲观主义各有优势与劣势。

从社会环境角度来看,在社会处于发展与上升时期乐观主义具有较多优势;在社会处于衰退与下降时期悲观主义具有较多优势。

从自然环境来看,在恶劣气候环境下悲观主义具有较多优势;在温和气候环境下乐观主义具有较多优势。

从年龄角度来看,青年人的乐观主义具有较多优势,老年人的悲观主义具有较多优势。

从个人能力与素质角度来看,能力强、素质高的人乐观主义具有较多优势;能力弱素质低的人悲观主义具有较多优势。

第五节 实用主义与理想主义

事物的价值通常由两部分构成：显性价值与隐性价值。显性价值一般是现实的、直接的、个体的、短期的、物质的、利己的价值，而隐性一般是非现实的、间接的、社会的、长远的、精神的、利他的价值。不同的人对于显性价值与隐性价值的敏感程度不同，从而表现出两种行为倾向与意识倾向，区分为实用主义者和理想主义者。

一、实用主义

实用主义的本质：认定"显性价值"属于主导性事物、"隐性价值"属于从属性事物的意识（包括自然意识或社会意识）。

实用主义认为，显性价值是价值的核心部分，人类的一切行为都是为了追求显性价值。实用主义产生于19世纪70年代的现代哲学派别，在20世纪的美国成为一种主流思潮。对法律、政治、教育、社会、宗教和艺术的研究产生了很大的影响。实用主义在真理观上表现为"有用即真理"和"无用即谬误"，实用主义在认识论上表现为"实证主义"、"经验主义"、"工具主义"和"不可知论"，实用主义在价值论方上表现为"功利主义"。

二、理想主义

理想主义的本质：认定"隐性价值"属于主导性事物、"显性价值"属于从属性事物的意识（包括自然意识或社会意识）。

理想主义认为，隐性的价值是价值的重要组成部分，因此，并不是人类所有的行为和思维都有明确而可见的价值效果，人类的许多行为（如利他行为）是为了追求隐性的价值；在实践中证明是真理的东西，未必绝对是真理，因为任何实践活动都有一定的局限性和片面性；有些并不实用的东西（如法律、理论、经验等），随着自然环境和社会环境的变化，逐渐变成了有用的东西。与之相反，有些实用的东西，随着自然环境和社会环境的变化，又会逐渐变成没用的东西。

三、实用主义与理想主义的认知对抗

实用主义重视现实的价值，理想主义者重视非现实的价值。
实用主义重视直接的价值，理想主义者重视间接的价值。
实用主义重视个体的价值，理想主义者重视社会的价值。
实用主义重视短期的价值，理想主义者重视长远的价值。
实用主义重视物质的价值，理想主义者重视精神的价值。
实用主义重视利己的价值，理想主义者重视利他的价值。

四、实用主义与理想主义的优势与劣势

从不同的观察角度，实用主义与理想主义各有优势与劣势。
社会地位较低的人，实用主义具有较多优势；社会地位较

高的人，理想主义具有较多优势。

能力与素质较低的人，实用主义具有较多优势；能力与素质较高的人，理想主义具有较多优势。

从事物质生产工作的人，实用主义具有较多优势；从事精神生产工作的人，理想主义具有较多优势。

社会生产力水平较低的人，实用主义具有较多优势；社会生产力水平较高的人，理想主义具有较多优势。

第六节 反智主义与理性主义

知识是社会生产力的核心部分，知识的积累导致社会价值的不断增长，并引发社会系统的一系列变化，导致社会价值资源的重新分配。不同社会群体对于知识的态度不尽相同，从而形成了不同的社会意识。

一、反智主义的历史根源与本质

1. 反智主义的历史根源

价值是人类生存与发展的动力源，信息是价值的唯一源泉，因此，人类的进步与社会的发展主要是由信息来推动的。信息的形成有两方面来源：一是生物进化过程，二是人类劳动（尤其是脑力劳动）。由于生物进化过程所产生的信息积累非常缓慢，几乎可以忽略不计，因此，人类劳动才是信息的唯一源泉，因而也是价值的唯一源泉。

信息的基本表现形式就是知识，包括自然知识与社会知识两个方面。统一价值论认为，人类的价值系统可分为两大类：一是个体价值系统，包括三个基本层次：资料（包括产品）、行为（包括技术）、意识（包括科学）；二是社会价值系统，包括三个基本层次：社会分工（包括经济）、社会管理（包括政治）和社会意识（包括文化）。人类这两类价值系统的发展都依赖于信息的积累或知识的积累，其中，自然知识的积累推动着个体价值系统的发展，社会知识的积累推动着社会价值系统的发展。

无论是个体价值系统的发展，还是社会价值系统的发展，都会引发社会价值资源在不同阶层、不同群体之间的重新分配，导致一部分人的价值比例得到增长，另一部分人的价值比例下降。价值资源的重新分配必然引发和激化新的社会矛盾。总之，反智主义的出现产生于知识积累所引发的社会矛盾。

2. 反智主义的本质

任何事物都存在两面性，知识对于人类进步与社会发展的作用同样存在两面性。一方面，知识的积累在整体上促进了社会价值资源的增长，解决和消化了一部分社会矛盾；另一方面，在局部又会使部分群体的价值资源下降，从而引发一些新的社会矛盾。

反智主义的本质：知识的积累导致社会价值资源的重新分配，由于价值资源分配比例的相对下降，部分社会群体对于知识积累过程所产生的抵制意识。

二、理性主义的历史根源与本质

1. 理性主义的历史根源

知识（包括自然知识与社会知识）的积累，推动着人类的进步与社会的发展，促进了个体价值系统和社会价值系统的价值快速增长，从而逐步形成人们对于知识与知识分子的尊重，并赋予掌握某种知识的人处理和使用一定的社会价值资源的资格。

这种处理和使用一定的社会价值资源的资格，就是权力。人掌握的知识越多，知识的重要性越大，被社会或他人赋予的权力就越大，能够处理和使用的社会价值资源就越多。

权力反映到人们的主观意识中，就形成了权威。总之，权威的形成和强化在根本上是由知识的积累来直接或间接决定的。

权威可分为社会性权威与个体性权威两大类。其中，社会性权威可分为三个基本层次：社会分工性权威（包括经济权威）、社会管理性权威（包括政治权威）与社会意识性权威（包括文化权威）。个体性权威可分为三个基本层次：资料性权威（包括产品权威）、行为性权威（包括技术权威）与意识性权威（包括科学权威）。

在原始社会，掌握巫术（模糊性知识）的人往往会被赋予较大的权力，从而具有较高的权威。在现代社会，掌握较多社会知识或自然知识的人，往往会被赋予较大的权力，从而具有较高的权威。

然而，社会腐败导致的权力滥用，社会世袭制导致的权力错误传递，社会体制缺陷导致的错误授权，这是权力运用过程中的局部误差，都不能因此而否定知识对于权力或权威的决定性作用。

2. 理性主义的本质

权力的产生最终是由知识决定的，而权威是人脑对于权力所产生的主观反映，因此可得**理性主义**的本质：由知识结构所决定的社会权力结构，反映到人脑中所形成的主观意识。

三、理性主义与反智主义的认知对抗

知识对于人类进步与社会发展的推动作用往往是全方位的，理性主义与反智主义在知识及知识所产生的一系列社会变革方面表现出完全不同的态度。

1. 对于工业化、现代化与全球化的不同态度

知识的积累推动着工业化的进程，理性主义大力提倡工业化，反智主义大力反对工业化；知识的积累推动着现代化的进程，理性主义大力提倡现代化，反智主义大力反对现代化；知识的积累推动着全球化的进程，理性主义大力提倡全球化，反智主义大力反对全球化。

2. 对于现代经济体制、政治体制与文化体制的不同态度

社会知识的积累，推动着现代经济体制、政治体制与文化体制的发展。理性主义主张不断发展和完善现代经济体制、政治体制与文化体制，反智主义主张抵制现代经济体制、政治体制与文化体制。

3. 对于科学与技术的不同态度。

自然知识的积累，推动着现代技术体系与科学体系的发展。理性主义主张发展和完善现代技术体系与科学体系，反智主义主张抵制现代技术体系与科学体系。

4. 对于真善美的不同态度

知识促进了真理的发展，促进了社会的公平与正义（善），也促进了审美事物的发展。理性主义主张大力推崇真善美；反智主义迫害真理、背叛公平与正义、抑制审美事物，并表现为

不思进取、墨守成规、反对新生事物。

5. 对于知识分子的不同态度

知识分子是推动知识积累的主力军，也是推动社会价值资源重新分配的动力源。理性主义主张尊重知识与知识分子，反智主义主张抵制知识分子和学界精英。

6. 对于现代价值观念的不同态度

自然知识与社会知识的积累，推动着人们价值观念的变革，并对传统宗教体系与价值观念产生冲击。理性主义主张变革传统宗教体系与价值观念，反智主义主张抵制现代价值观念；理性主义主张"知识改变命运"，反智主义主张"读书无用论"；理性主义提倡创新意识，反智主义提倡守旧意识。

四、理性主义与反智主义的优势与劣势

从不同观察角度来看，理性主义与反智主义各有其优势与劣势。

从社会发展角度来看，社会处于发展时期的理性主义具有较多优势；社会处于衰退时期的反智主义具有较多优势。

从社会环境角度来看，社会处于相对开放状态时的理性主义具有较多优势；社会处于相对封闭状态时的反智主义具有较多优势。

从文化素质角度来看，较高文化素质群体的理性主义具有较多优势；较低文化素质群体的反智主义具有较多优势。

从产业领域角度来看，新兴产业领域的理性主义具有较多优势；传统产业领域的反智主义具有较多优势。

第七节 机会主义与程序主义

社会事物的最终价值不仅取决于该事物最终的运行结果（价值效果），还取决于该社会事物在运行过程中是否遵循着社会规则（程序正义）。根据所认定的决定社会事物最终价值的主导性事物是"价值效果"还是"程序正义性"，人们可分为机会主义者和程序主义（或程序正义）者两类。

一、机会主义的本质

机会主义的本质：认定"价值效果"属于社会价值的主导性事物、"程序正义性"属于社会价值的从属性事物的社会意识。

机会主义，也称投机主义，就是为了达到自己的目标就可以不择手段，突出表现为不按规则办事，视规则为腐儒之论，其最高追求是实现自己的目标，以结果来衡量一切，而不重视过程，如果有原则，那么其最高原则就是"成者王、败者寇"。机会主义在社会历史观上表现为"以成败论英雄"。

机会主义有以下两种表现形式：

一是右倾机会主义，表现为思想落后于实际，不能随着变化了的情况而前进，而是拘泥保守，停步不前。

二是"左"倾机会主义，表现为思想超越客观过程的一定阶段，离开了当时大多数人的实践，离开了当时的现实性，堕入空想和盲动，容易产生冒险行动。

二、程序主义的本质

程序主义的本质：认定"程序正义性"属于社会价值的主导性事物、"价值效果"属于社会价值的从属性事物的社会意识。

程序主义者认为，程序是维持社会秩序的基本因素，机会主义对于程序的破坏或对于社会规则的破坏，必然会造成社会的间接价值或隐含价值的损失。而且，社会事物对于社会规则的破坏所产生的负向价值，往往会远大于该社会事物本身的价值效果。

程序正义被视为"看得见的正义"，所谓"正义不仅要得到实现，而且要以人们看得见的方式得到实现"。用最通俗的法律语言解释，"程序正义"就是案件不仅要判得正确、公平，并完全符合实体法的规定和精神，而且还应当使人感受到判决过程的公平性和合理性。

在道德领域，程序主义往往会表现为"道德洁癖"；在法律领域，程序主义往往会表现为"法律洁癖"。

三、机会主义与程序主义的认知对抗

事实上，社会事物的实际价值不仅取决于该事物本身的价值效果，而且还取决于该社会事物在运行过程中对于社会规则的贡献程度（程序正义性）。凡是在运行过程中遵守社会规则的社会事物，就会对于社会的稳定与发展产生正向价值；凡是在运行过程中违反社会规则的社会事物，就会对于社会的稳定与发展产生负向价值。

机会主义与程序主义的认知对抗主要表现在四个方面：

一是机会主义通常重视事物运动的最后结果，程序主义通常重视事物运动的具体过程。

二是机会主义通常为达到目的而不择手段，程序主义通常会被手段的局限性所束缚。

三是机会主义通常"以成败论英雄"，程序主义通常"以过程论英雄"。

四是机会主义通常主张个人利益至上，程序主义通常主张集体利益至上。

四、机会主义与程序主义的优势与劣势

从不同的观察角度，机会主义与程序主义各有优势与劣势。

从社会环境角度来看，在社会动荡环境下（特别是战争时期）机会主义具有较多优势；在社会和平环境下程序主义具有较多优势。

从自然环境来看，在恶劣气候环境下机会主义具有较多优势；在温和气候环境下程序主义具有较多优势。

从文明类型来看，在海洋文明下机会主义具有较多优势；在农耕文明下程序主义具有较多优势。

从性别角度来看，男性的机会主义具有较多优势；女性的程序主义具有较多优势。

从性格角度来看，外向型性格的机会主义具有较多优势，内向型性格的程序主义具有较多优势。

从年龄角度来看,青年人的机会主义具有较多优势,老年人的程序主义具有较多优势。

从产业领域角度来看,新兴产业领域的机会主义具有较多优势;传统产业领域的程序主义具有较多优势。

第六章　人工智能与认知对抗

随着社会生产力的高速发展，社会事物的多样性、复杂性与动态性越来越高，各种信息呈现出爆炸式增长，传统的信息传播方式与信息处理方式呈现出越来越显著的低速性、低效性与高差错性。显然，国家之间的认知对抗最终都会表现为认知对抗的信息传播与信息处理，如果采用传统的认知对抗方式，无疑是低效的、落后的。在当今社会，人工智能的快速发展，为认知对抗提供了更为有效的工具与手段，大大促进了信息传送与信息处理的高速性与高效性。

情感与意志是高层次的意识形式，也是高层次的智能形式，它们分别是人脑对于事物价值与行为价值的主观反映。人工智能的本质就是模拟人脑对于"自然信息"的处理技术，而人工情感的本质就是模拟人脑对于"价值信息"的处理技术。价值信息是复杂形式的自然信息，是高层次的自然信息，因此，人工情感是高层次的人工智能。人类的灵活性、积极性与创造性均来源于情感，情感是高层次的智能，人工智能的发展方向必然是人工情感。

深层次的认知对抗，就是价值观对抗（情感对抗）与意志对抗，我们只有充分了解对方的心智特征（包括情感特征与意

认知对抗论

志特征），并取得"制心权"，才能在认知对抗中立于不败之地。因此，大力发展人工情感技术，可以为认知对抗提供更为先进、更为高效的工具与手段。

第一节 心智机器人的系统结构

心智机器人是指具有人类全部心智功能的机器人，人的心智功能主要包括感觉功能、认知功能、评价功能与意志功能四个基本功能，除此以外，还包括自我意识功能、记忆功能、注意功能与交互作用功能等辅助功能。感觉功能与认知功能属于智能机器人的功能范围，评价功能与意志功能属于情感机器人的功能范围。因此，心智机器人包括智能机器人与情感机器人两个方面。

心智机器人主要包括九大系统：感觉系统、认知系统、评价系统、意志系统、行为系统、自我意识系统、记忆系统、注意系统、交互系统。

一、感觉系统

感觉系统主要包括感受器、编码器、传送通道和知觉器等。其中，感受器的主要作用是把各种刺激信号转化为生物电信号，编码器的主要作用是把刺激性质与刺激强度通过不同方式的编码表现出来，知觉器的主要作用是对事物的整体性、持续性、恒常性、经验性、组织性、相对性、选择性等进行初步的加工。

感觉系统又包括事物感觉系统、行为感觉系统和自我感觉系统三个子系统。

二、认知系统

认知系统主要包括分析器、综合器、事物合并计算器、事物数据库等。其中，分析器的主要作用是对事物的量度、时间、空间、逻辑、图像、文字、声音、运动等特性进行分析处理，综合器与事物合并计算器的作用是对事物的规律性和系统性进行总结和归纳，并传送到认知数据库。

认知系统又包括事物认知系统、行为认知系统和自我认知系统等三个子系统。认知系统的数据库也可分为事物数据库、行为数据库和自我数据库三个部分。

三、评价系统

评价系统主要包括情感识别器、情感表达器、情感分析器、情感综合器、事物价值率计算器、需要数据库、情感数据库与价值观数据库、价情转换器、情感合并计算器等，其核心功能是价值识别、价值表达与价值计算。

评价系统又可分为三个子系统：价值识别系统（或情感识别系统）、价值表达系统（或情感表达系统）与价值运算系统（或情感运算系统）。

四、意志系统

意志系统主要包括行为适配器、行为分析器、行为综合器、行为价值率计算器、价意转换器、意志合并计算器、行为价值率数据库、意志数据库等，其核心功能是行为模式的价值识别、价值表达与价值计算。

五、行为系统

行为系统主要包括比较器、激发器、平衡器、排序器、监控器、行为编码器、行为总控制器等，其核心功能是在意志的引导与控制下，驱动行为。

六、自我意识系统

自我意识系统可分为四个子系统：自我感觉系统、自我认知系统、自我评价系统、自我中心系统，其核心功能是把"我"与"非我"区分开来，从而为感觉系统、认知系统、评价系统与意志系统提供参照系。

七、记忆系统

记忆系统主要包括感觉记忆器、认知记忆器、评价记忆器、意志记忆器、行为记忆器、综合记忆器等，其核心功能是为感觉、认知、评价、意志与行为等数据的临时记忆提供缓存区或临时数据库，并为长期记忆提供信息通道。

八、注意系统

注意系统主要包括感觉注意器、认知注意器、评价注意器、意志注意器、行为注意器、综合注意器等，其核心功能是为感觉、认知、评价、意志与行为等数据的临时注意提供缓存区或临时数据库，并为长期注意提供信息通道。

九、交互系统

交互系统的核心功能是建立感觉系统、认知系统、评价系统、意志系统、行为系统、自我意识系统、记忆系统、注意系统等之间的交互作用通道与基础设施。

第二节 特征工程

人的某种行为特征通常会表现出某种心理特征，因此，人如果观察他人的行为，可以探测他人的心理特征；反过来，人的某种心理特征总是会通过某种行为特征表现出来。因此，人的行为特征与心理特征之间存在着一定的对应关系。

一、特征工程

如果两个向量空间之间存在着某种对应关系，那么，这两个向量空间之间的参数变换可由"特征工程"来完成。

特征工程：当某种特征向量空间与另一种特征向量空间之间存在关联性与对应性，那么，将某种特征向量空间的原始数据映射到另一种特征向量空间的方法与技术，就是特征工程。

二、心智特征工程

人的一切行为都是围绕价值为核心而展开的，事物的价值主要在人的行为作用下发生改变，而人的行为又是在人的主观意识的作用下实施的，这样一来，可以把人对于客观事物的作用过程分解为两个向量空间：一是心智向量空间，二是行为向量空间。显然，这两个向量空间之间存在着一定的关联性与对应性，即人的主观意识（包括感觉、认知、评价与意志四个方面）并不是虚幻的，它们总是有序地、充满效率地对行为产生激发作用与约束作用；人的所有行为都不是盲目的和随意的，它们总是在主观意识的作用下，有序地、充满效率地展开。因此，如果得知了心智向量空间的原始数据，就可以将其映射到行为向量空间之中，从而得出行为向量空间的映射数据；相反，如果得知了行为向量空间的原始数据，就可以将其映射到心智向量空间之中，从而得出心智向量空间的映射数据。人通常在心智系统的指导下完成各种行为，因此，人的心智系统与行为系统存在着一定的对应关系。"心智特征工程"就是探索人的心智系统与行为系统之间对应关系的方法与技术。

心智特征工程：心智特征向量空间与行为特征向量空间的数据之间相互映射的方法与技术。

心智特征工程可分为两种：心行特征工程与行心特征工程。

心行特征工程：将心智特征向量空间的原始数据映射到行为特征向量空间之中的方法与技术。

行心特征工程：将行为特征向量空间的原始数据映射到心智特征向量空间之中的方法与技术。

三、心智特征参数

人类心智系统（心智向量空间）中的特征参数主要有三个：认知类特征参数、评价类特征参数、意志类特征参数，可以用认知数据库、价值观数据库、意志数据库来分别描述，它们分别反映人的世界观、价值观和人生观。

在现实生活中，人总是通过直接观察或间接了解他人的各种行为，以及在行为过程中所出现的各种表情（包括面部表情、音调表情和身体姿态表情等），来提炼他人的各种心智参数，从而达到了解他人的目的。

1. 认知向量空间

认知向量空间可采用认知向量或认知向量矩阵来描述。向量空间可以是一维的、二维的或者多维的。

目前的许多计算机都可以具有自学习功能，这个过程就是将各种知识融入内部的数据库。每一个知识点，就是阐述一个事物与另一个事物之间的相互关系（包括时间关系、空间关系、数量关系、逻辑关系、图像关系、声音关系、运动关系等）。事物之间的相互关系不以人的意志为转移，因此，不同的人拥有完全相同的认知数据库或认知向量空间。

2. 价值观向量空间

价值观向量空间可采用价值观向量或价值观向量矩阵来描述。价值观反映了人脑对于事物价值率的主观反映值，人的价值观系统存储在人的大脑之中，时刻引导和制约着人的思想和行为，时刻控制着人如何有效地表达价值、识别价值、计算价值、消费价值和创造价值。

价值观建立在认知的基础之上，它反映了人对于事物价值率的认知，因此，价值观是一种特殊的认知。价值观参数只是在每种事物的各项认知参数的基础上增加了一个参数：事物的价值率。由于事物的价值取决于主体、客体与介体三个方面的品质特性，同一事物对于不同主体往往具有不同的价值，同一事物对于同一主体在不同环境条件下往往具有不同的价值，因此，每个主体具有不同的价值观数据库或价值观向量空间。

各种事物价值观的初始数据通常设定为主体的"中值价值率"（主体的平均价值率），而最原始的"中值价值率"可以设定为"1"。价值观的特征参数提取过程，同时也是价值观特征参数的修正过程。

3. 意志向量空间

意志向量空间可采用意志向量或意志向量矩阵来描述。意志（或行为价值观）反映了人脑对于自身行为价值率的主观反映值，人的意志（或行为价值观系统）存储在人的大脑之中，时刻引导和制约着人的各种生产行为与消费行为，并使人的行为遵循"最大价值率法则"。

意志建立在价值观的基础之上，它反映了人对于自身行为的价值率的认知，因此，意志是一种特殊的价值观。意志参数只是在价值观的基础之上增加了一种特殊事物的价值观：主体自身行为的价值观。由于主体行为的价值取决于主体、客体与介体三个方面的品质特性，相同行为对于不同主体往往具有不同的价值，同一行为对于相同主体在不同环境条件下往往具有不同的价值，因此，每个人具有不同的意志数据库（或行为价值观数据库）。各种行为价值观的初始数据通常设定为主体的"中值价值率"（主体的平均价值率），而最原始的"中值价值率"可以设定为"1"。

行为价值观的特征参数提取过程，同时也是行为价值观特征参数的修正过程。

各事物之间的相互关系可分为树状型、网状型与行列型三大类，用以描述各种事物主观反映情况的心智数据库也可分为三大类型：层次型数据库、网状型数据库、行列型数据库。

四、行为特征参数

行为向量空间可以描述为一个四维向量空间：

一是超复杂行为（或战略行为）向量空间。超复杂行为由若干个复杂行为按照一定的逻辑顺序组合而成，并且按照一定的时间顺序与空间顺序进行实施。

二是复杂行为（或战役行为）向量空间。复杂行为由若干个简单行为按照一定的逻辑顺序组合而成，并且按照一定的时间顺序与空间顺序进行实施。

三是简单行为（或战术行为）向量空间。简单行为由若干个具体动作按照一定的逻辑顺序组合而成，并且按照一定的时间顺序与空间顺序进行实施。

四是具体动作向量空间。具体行为由若干个身体器官按照一定的逻辑顺序组合而成，并且按照一定的时间顺序与空间顺序进行实施。

主体各种行为的实施主要是通过平衡器、排序器、激发器、比较器、监控器、综合控制器等进行控制。主体行为的实施过程与规划过程完全相反。

五、网络特征提取

根据被试者的各种网络数据（如视频的播放时长、次数、播放完整度、点赞、转发、分享、评论等多种互动行为），挖掘出对心智模型预测有用的特征量，就是"网络特征提取"。特征提取包括数值特征提取、类别特征提取、特征选择、特征重要分析等内容。

1. 数值特征提取

数值类型的数据具有实际统计意义。对于数值特征，我们主要考虑的因素是它的大小和分布，其处理方法主要有：分桶、截断、缺失值处理、特征交叉、标准化与缩放、数据平滑、贝叶斯消除、多维度定义、目标定制等。

2. 类别特征提取

类别特征可以是标签、属性、类型、清晰度、质量、速度等属性特征。类别特征提取就是将数值特征离散化、从定量数据中获得定性数据。其处理方法主要有：独热编码、散列编码、特征缩放、打分排名编码、异常值处理等。

3. 特征选择

特征选择是指选择相关特征子集的过程，好的特征选择能够提升模型的性能，更能帮助我们理解数据的特点、底层结构，这对进一步改善模型、算法都有着重要作用。特征选择的常用方法有：过滤式、数据分箱、嵌入式等。

4. 特征重要性分析

特征重要性分析是用来判断哪些变量对模型预测的影响力最大，可以帮助我们理解数据，指导模型参数的设置和特征的选择，使模型具有良好的可解释性。特征值可设为0，也可取随机值，还可以随机打乱。

特征工程不仅与模型算法相关，也与实际问题强相关。针对不同场景，特征工程所用的方法可能相差较大。在实际的特征工程应用中，具体采用什么特征处理方式不仅依赖于业务和数据本身，还依赖于所选取的模型，因此，首先要理解数据和业务逻辑，以及模型的特点，才能更好地进行特征工程。通常可以考虑对样本做归一化、离散化、平滑处理，以及特征变换与特征交叉。

六、网络特征工程

人在网络系统中，具有各种网络数据：如打开的网站、网页、文章阅读、文章发表、点赞、视频的播放时长、次数、转发、分享、打赏、评论、问卷、查询、朋友圈、购物、聊天记录、个人信息等。通过网络系统中的各种网络数据，提取人的心智特征参数的技术与方法，就是"网络特征工程"。

《美国科学院院报》（PNAS）的一项研究表明，在社交网站上的点赞行为能够泄露你一些比较私密的性格特质。其研究过程：邀请"脸书"上8.6万志愿者参与一项性格测试，向志愿者展示某些特定内容（包括状态更新、照片、书籍、产品、音乐等），收集被试的"点赞"数据，并且邀请了被试的亲朋好友参与测试，给出被试的性格评价。这样就有关于被试的三份性格数据：性格的自我评价、性格的亲朋好友评价、基于点赞数据计算的评价。研究结果表明，算法得到的性格倾向指数比亲朋好友的判断更为准确。

研究表明，大概只需要10个"赞"，电脑就能比同事更准确判断人的性格；通过70个"赞"，电脑的判断就能超过其朋友；

140个"赞",电脑的判断便超过其家人（父母、兄弟、姐妹）；300个"赞",电脑的判断则能"击败"他的伴侣。

  此外,"点赞"行为还可能暴露人的宗教信仰、政治观点、婚恋状态和酒量等。人的很多行为都会留下数字痕迹,如文本（微博）、视频（优酷、土豆等）、音频（客服电话）、图片（朋友圈）、传感器数据（手环、手机内置的传感器）等,并在一定程度上泄露自己的心智参数。

第三节 心智重构工程

"心智重构工程"就是探索人的心智系统与行为系统之间对应关系的方法与技术,其目的在于使电脑或机器人具备真正的"人格",并能够像人一样,灵活性、积极性和创造性地开展工作。

人的心智系统内容主要由三部分组成:世界观、价值观与人生观。因此,心智重构主要由三部分组成:世界观重构、价值观重构与人生观重构。

一、世界观重构

世界观是人们对整个世界的看法和观点。感觉与认知的总和就构成了人的世界观。在人工智能系统中,世界观主要通过"事物数据库"来集中表现。事物数据库就是用以描述事物与其他事物之间的相互关系(如空间关系、时间关系、逻辑关系、量度关系、图像关系、色彩关系、声音关系、运动关系等)的数据库。

世界观重构:通过人工智能的手段把人的世界观以"事物数据库"的方式重现出来。

世界观重构的运行程序:外界的刺激信号,经过感觉系统的感受器、编码器与知觉器,把各个事物的感觉信号输入到认知系统中，经过"事物特性标注系统"中的空间关系标注、时间关系标注、逻辑关系标注、量度关系标注、图像关系标注、声音关系标注、运动关系标注等，再经过事物综合器的处理、事物合并计算器的逻辑运算，然后汇入事物数据库，从而掌握各个事物的基本特性（包括属性、整体性、规律性与系统性）。

语言文字作为事物的第二信号系统，大大加快了刺激信号的传播速度和处理效率。

借助语言文字，世界观重构的运行程序是：外界的语言文字刺激信号，经过"语言文字词性标注系统"中的词语边界划分、词性标注、语法标注、语义标注、言语标注、深层标注等，从而基本确定语言文字与各个事物的对应关系，再经过"事物特性标注系统"的处理，从而基本掌握各个语言文字所描述事物的基本特性。

二、价值观重构

需要、价值观与情感是人类对于事物价值特性的三种评价方式，其中，需要是人脑对于事物价值量的主观反映值，价值观是人脑对于事物价值率的主观反映值，情感是人脑对于事物价值率高差的主观反映值。在人工智能系统中，需要主要通过"需要数据库"来集中表现，价值观主要通过"价值观数据库"来集中表现，情感主要通过"情感数据库"来集中表现。需要数据库、价值观数据库与情感数据库三者统称为"评价数据库"。

需要重构：通过人工智能的手段把人的需要以"需要数据库"的方式重现出来。

需要重构的运行程序是：认知系统把各个事物的认知信号输入到评价系统中，经过价值量度分析器的处理，汇入需要数据库，从而掌握各个事物的价值量。

价值观重构：通过人工智能的手段把人的价值观以"价值观数据库"的方式重现出来。

价值观重构的运行程序是：认知系统把各个事物的认知信号输入到评价系统中，经过"价值观特性标注系统"中的价值观强度性标注、价值观类别性标注、价值观时间性标注、价值观模式性标注、价值观目标性标注、价值观层次性标注、价值观关联性标注等，再经过价值观综合器的处理，汇入价值观数据库，从而掌握各个事物的价值率。

情感重构：通过人工智能的手段把人的情感以"情感数据库"的方式重现出来。

情感重构的运行程序是：认知系统把各个事物的认知信号输入到评价系统中，经过"情感特性标注系统"中的情感强度性标注、情感类别性标注、情感时间性标注、情感模式性标注、情感目标性标注、情感层次性标注、情感关联性标注等，再经过情感综合器的处理、情感合并计算器的逻辑运算，然后汇入情感数据库，从而掌握各个事物的价值率高差。

情感重构的运行程序与价值观重构的运行程序基本相同，前者必须以"中值价值率"为参照系，而后者没有参照系；情感重构与价值观重构的内容完全相同，如果实施了情感重构，就不需要再实施价值观重构，反之亦然；两种重构过程相互联系、相互作用、互为补充。

三、人生观重构

人生观是指人对人生的看法，也就是对于人类生存的目的、价值和意义的看法。在人工智能系统中，人生观主要通过"意志数据库"来集中表现。

人生观重构：通过人工智能的手段把人的人生观以"意志数据库"的方式重现出来。

人的每一种行为都对应着若干种事物（行为对象或行为目标），例如，吃饭、吃水果、吃瓜子等；反过来，每一种事物都对应着若干种行为，例如，赚钱、花钱、存钱、借钱等。行为适配系统就是确立事物与行为之间对应关系或匹配关系的系统。行为适配系统是连接客观事物与人类行为的桥梁，也是连接"评价数据库"与"意志数据库"的桥梁。

人生观重构的运行程序是：行为适配系统把各个人类行为的感受信号输入到意志系统中，经过"意志特性标注系统"中的意志强度性标注、意志类别性标注、意志时间性标注、意志模式性标注、意志目标性标注、意志层次性标注、意志关联性标注等，再经过意志综合器的处理、意志合并计算器的逻辑运算，然后汇入意志数据库，从而掌握各个行为的价值特性。

四、心智重构的基本原则

无论是世界观重构、价值观重构，还是人生观重构，心智重构过程必须遵循如下原则。

1. 循序渐进的原则

任何事物的发展，都遵循着从无到有（新事物的形成）、从小到大（事物的生长）、从少到多（事物的量变）、从简单到复杂（事物的发展）、从低级到高级（事物的质变）的发展规律。因此，人的世界观、价值观与人生观的成长过程也必须遵循从无到有（新认识的形成）、从小到大（认识的成长）、从少到多（认识的积累）、从简单到复杂（认识的发展）、从低级到高级（认识的升华）的发展规律。那么，世界观重构、价值观重构与人生观重构的过程也必须遵循从无到有、从小到大、从少到多、从简单到复杂、从低级到高级的发展规律。

2. 不断修正的原则

人的认知过程是一个不断趋近准确、完整、客观、系统地认识事物的过程，人总是通过对行为所产生实际效果进行分析和判断，来不断检验自己认识的准确性，包括认知准确性、评价准确性、意志准确性，从而对事物数据、价值观数据库与意志数据库不断地进行修正。

3. 动态变化的原则

任何事物都处于不断运动变化的过程之中，人对于事物的认识都必须尽量与事物的运动变化保持相对的同步状态，因此事物数据库、价值观数据库与意志数据库必须是一个动态变化的系统。

4. 强关联性的原则

世界上的任何事物都不可能孤立存在，必然会与其他事物发生各种各样的联系，因此，某个事物的特性一旦发生变化，许多相关事物的特性也会发生相应的变化。因此，事物数据库、价值观数据库与意志数据库内部各个事物的数据总是存在着强烈的关联性，而且三个数据库之间也存在着强烈的关联性。

五、心智特征工程的实际运用

不难发现，特征工程只是对人的心理特性进行个别性探测与再现，而心智重构工程则是对人的心智特性进行系统性探测与再现。因此，心智特征工程相比特征工程具有更为广泛的实际运用。心智特征工程的实际运用主要有：代表主人进行选择性和目的性的信息查询与收集；代表主人进行选择性和目的性的资料整理与归档；代表主人进行选择性和目的性的收发信件，以及做相应回复；代表主人进行选择性和目的性的信息交流与对话；代表主人有选择性和目的性地展示其简历、能力、特性、品质等；代表主人进行选择性和目的性的社交活动；代表主人有选择性和目的性地采购生活用品及办公用品；代表主人有选择性和目的性地寻找合作伙伴、对接资源等；代表主人有选择性和目的性地开展事务性管理工作。

虽然，上述的许多工作，同样可以由电脑或智能机器人来替代人类完成，但是，由于没有世界观、价值观与人生观的引导，电脑或智能机器人不能区分轻重缓急，不能随机应变，不能动态性、关联性和层次性地全面掌握工作的真实内容，不能创造性地开展工作，不能充分体现主体的真实意图和核心理念。只有在实现世界观重构、价值观重构与人生观重构以后，电脑或机器人具有了真正的"人格"，才能够积极地、主动地、灵活地、创造性地、区分轻重缓急地开展工作，并且完全准确地体现主体的真实意图和核心理念。

第四节　人工智能发展的新方向

人的心理活动主要分为感觉、认知、评价与意志四个层次，其中，感觉与认知属于智能的范围，评价与意志属于情感的范围。人工智能发展的新方向就是把人工情感纳入研究范围，从而使电脑或机器人具有高度的灵活性、积极性与创造性。归纳起来，新型的人工智能可以概括为"八大"：大采集、大识别、大计算、大提取、大构建、大预测、大战略、大和谐。

一、大采集：全方位收集信息

数据采集系统采集基于计算机的测量软硬件产品来实现灵活的、用户自定义的测量系统，由信号、传感器、激励器、信号调理、数据采集设备和应用软件等组成。"大采集"就是全方位、全系统、全过程、全手段的数据采集。

大采集的内容主要有：

物理信号采集：主要通过各种物理信号传感器测量电压、电流、温度、湿度、压力、水流、光线、色彩或声音等物理现象。

图像信号采集：主要通过摄像头采集人的面部、身体、指纹、符号、图片、色彩等信号。

声音信号采集：主要通过话筒采集声音、语音等信号。

空间信号采集：主要通过卫星定位系统测量人或物的空间

位置与地理环境。

时间信号采集：主要通过时钟来测量人或物进行运动与变化的时间点、时间间隔等信号。

行为信号采集：主要通过电脑（包括键盘、鼠标）等采集人的生活行为、工作行为或网络行为。

二、大识别：智能识别信息模式

模式是事物的规范化、标准化形式。模式识别就是对于事物的规范化、标准化形式进行识别。"大识别"就是全方位、全系统、全过程、全手段的模式识别。

大识别的内容主要有：

图像模式识别。包括图片识别、符号识别、脸谱识别、指纹识别、商品识别、物体识别、票证识别等内容。

语言文字识别：主要是汉字手写体和自然语言的识别。

语音识别：包括对于重音、音调、音量和发音速度等方面的识别。

专家诊断：包括医学诊断（如心电图诊断和脑电图诊断等）、机械故障诊断、电子故障诊断、网络故障诊断等。

专业分析：包括光谱分析、地质分析、气象分析、水文分析、农作物估产、病毒分析等。

行为模式识别：包括人的各种生活行为模式识别、工作行为模式识别或网络行为模式识别，如网络上的点赞、视频播放、转发、分享、打赏、评论、问卷、查询、网上交易等行为模式。

三、大计算：建立所有事物的数据库

根据大采集和大识别以后所产生的海量数据进行系统性计算，从而形成人或电脑对于各种事物及其属性的系统性认知。大计算就是全方位、全系统、全过程、全手段的数据计算。主要包括计算各个事物之间的数量关系、时间关系、空间关系、逻辑关系、图像关系、声音关系、气味关系、运动关系等内容，并以此建立各种事物的大数据库。

四、大提取：特征工程提取心智参数

相同的事物在不同环境条件下，对于不同的人具有不同的价值特性。因此，人对于相同的事物往往表现出不同的认知心理、价值取向、情感态度和心智特征。

人的一切行为都是围绕价值为核心而展开的，而人的行为又是在人的主观意识的作用下实施的，这样一来，可以把人对于客观事物的作用过程分解为两个向量空间：一是心智向量空间，二是行为向量空间。显然，这两个向量空间之间存在着一定的关联性与对应性。

特征工程：将某种特征向量空间的原始数据映射到另一种特征向量空间的方法与技术。

"大提取"就是根据人的各种行为参数或在网络系统中的各种网络数据（如点击网页、文章发表、点赞、视频播放、转发、分享、打赏、评论、问卷、购物、聊天记录等），通过"特征工程"提取人的兴趣爱好、情感取向、性格特征、宗教信仰、政治观点、婚恋状态等心智特征参数。特征提取系统的逻辑框图如下所示：

$$\begin{bmatrix} X_{11} & X_{12} & \cdots & X_{1n} \\ X_{21} & X_{22} & \cdots & X_{2n} \\ \cdots & & & \\ X_{n1} & X_{n2} & \cdots & X_{nn} \end{bmatrix} \Rightarrow \begin{bmatrix} W_{11} & W_{12} & \cdots & W_{1n} \\ W_{21} & W_{22} & \cdots & W_{2n} \\ \cdots & & & \\ W_{n1} & W_{n2} & \cdots & W_{nn} \end{bmatrix}$$

行为特征向量空间　　　　　心智特征向量空间

五、大构建：心智特征工程重构心智系统

人通常是在心智系统的指导下完成各种行为，因此人的心智系统与行为系统存在着一定的对应关系。

心智特征工程：探索人的心智系统与行为系统之间对应关系的方法与技术。

人的心智系统内容主要由三部分组成：世界观、价值观与人生观。在人工智能系统中，世界观主要通过"事物数据库"来集中表现，价值观主要通过"价值观数据库"来集中表现，人生观主要通过"意志数据库"来集中表现。

"大构建"就是通过心智特征工程，重构个人或群体的"三观"，即世界观重构、价值观重构与人生观重构。

"三观"之间的逻辑关系如下图所示：

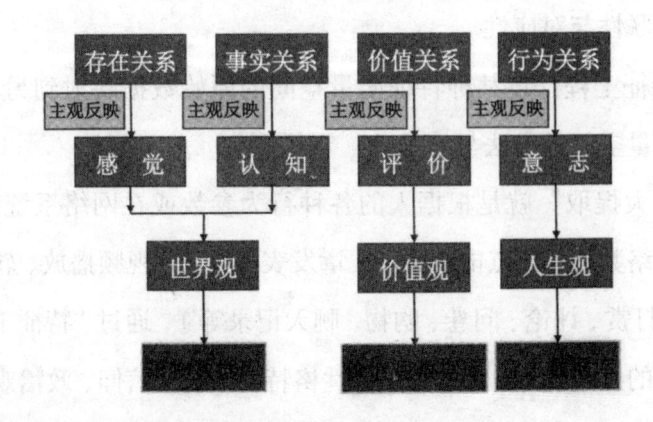

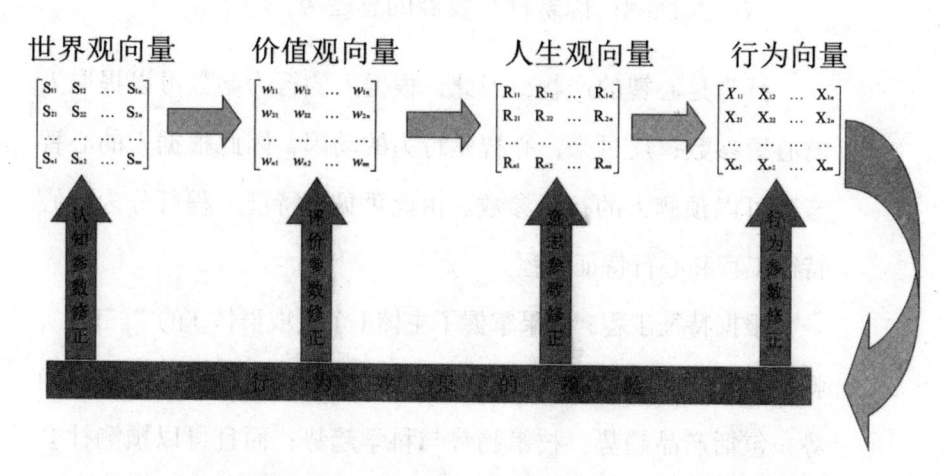

心智系统构建的逻辑框图如下所示：

世界观向量　　价值观向量　　人生观向量　　行为向量

$\begin{bmatrix} S_{11} & S_{12} & \cdots & S_{1n} \\ S_{21} & S_{22} & \cdots & S_{2n} \\ \vdots & & & \vdots \\ S_{n1} & S_{n2} & \cdots & S_{nn} \end{bmatrix}$ → $\begin{bmatrix} W_{11} & W_{12} & \cdots & W_{1n} \\ W_{21} & W_{22} & \cdots & W_{2n} \\ \vdots & & & \vdots \\ W_{n1} & W_{n2} & \cdots & W_{nn} \end{bmatrix}$ → $\begin{bmatrix} R_{11} & R_{12} & \cdots & R_{1n} \\ R_{21} & R_{22} & \cdots & R_{2n} \\ \vdots & & & \vdots \\ R_{n1} & R_{n2} & \cdots & R_{nn} \end{bmatrix}$ → $\begin{bmatrix} X_{11} & X_{12} & \cdots & X_{1n} \\ X_{21} & X_{22} & \cdots & X_{2n} \\ \vdots & & & \vdots \\ X_{n1} & X_{n2} & \cdots & X_{nn} \end{bmatrix}$

（认知参数修正　评价参数修正　意志参数修正　行为参数修正）

行 为 反 馈 的 效 能

特征工程与心智重构工程的区别是：

一是参数完整性。特征工程只是提取个别的心智特征参数，而心智重构工程则是提取全部心智参数（感觉参数、认知参数、评价参数、意志参数）；

二是空间全维性。特征工程只反映两个空间之间的相互作用，心智重构工程反映了四个空间（认知空间、评价空间、意志空间与行为空间）之间的相互作用。

三是环节闭合性。特征工程只表述一个环节。心智重构工程则表述全部环节，而且全部环节是完全闭合的、循环的，各个心智参数的构建需要反复修正、不断完善、逐渐趋近理想值。

四是过程自主性。整个系统构建过程完全可以由人工心智系统自主完成，即自主认知、自主评价、自主意志、自主行为、自主检验、自主修正。

六、大预测：探索社会发展的总趋势

行为是心智的产物，因此，根据人的行为参数可以提取人的心智参数；反过来，心智是行为的动因，因此根据人的心智参数可以预测人的行为参数。由此可见，特征工程可分为行心特征工程和心行特征工程。

根据特征工程，如果掌握了主体（个人或群体）的"三观"，就可以预测主体的行为倾向，不仅可以预测个体系统的发展趋势，包括产品趋势、技术趋势与科学趋势；而且可以预测社会系统的发展趋势，包括经济趋势、政治趋势与文化趋势。

特征工程与心智重构工程都是通过行为参数来预测个人或群体的心智参数及其规律性，而大预测则是通过了解心智参数来预测个人或群体的行为参数及其规律性。

七、大战略：拟订社会发展的政策措施

针对不同群体的心智特征与行为动态，以及社会的发展趋势，可以制订相应的政策措施，不仅可以推动个体系统（包括产品、技术与科学）的快速发展，而且可以推动社会系统（包括经济、政治与文化）的快速发展，还可以维护不同群体之间的利益平衡。

八、大和谐：推动社会的和谐发展

大战略将会促进大和谐的世界格局。"和谐"包括个体和谐（人的全面发展）、社会和谐与自然和谐三个方面。

社会和谐发展的基本原则是：强化认知同化，扩展共同利益；弱化认知对抗，平衡矛盾利益。

第七章　认知对抗系统的运行与控制

认知对抗系统的运行与控制主要包括：一是方向控制，即把握认知战的基本原则与基本策略；二是程序控制，即有计划、有步骤地开展认知对抗；三是心理控制，既要准确抓住对方的心理弱势，又要及时修复自身的心理弱势；四是系统控制，即充分了解认知防线系统、国家安全系统与国际认知对抗系统中各个要素的核心内容及其逻辑关系，运用系统论的思想，实现全要素的有机组合，使认知战达到最大价值效率。

第一节 认知对抗的三大策略

一、对内"强化认知同化、弱化认知对抗"

为了在对敌的认知对抗过程中取得战略优势，我们就必须对内统一思想，加强内部团结，增强内部凝聚力。为此，对内必须"求大同、存小异"，强化内部成员的共同利益，弱化内部成员之间的矛盾利益。总之，针对我方内部，必须采取"放大认知同化强度、缩小认知对抗强度"的策略。

例如，在抗日战争时期，民族矛盾上升为主要矛盾，这时必须弱化地主与农民的认知对抗、弱化工人与资本家的认知对抗，同时，必须强化整个中华民族内部的认知同化，充分展示中华民族面临的共同威胁，并发出"中华民族已经到了最危险的时候"的怒吼。

二、对敌"强化认知对抗、弱化认知同化"

为了在对敌认知对抗过程中取得战略优势，我们就必须强化敌我之间的矛盾利益，弱化敌我之间的共同利益，从而促使我方内部形成同仇敌忾的统一意志。总之，针对敌方，必须采取"放大认知对抗强度、缩小认知同化强度"的策略。

例如，在解放战争期间，阶级矛盾为主要矛盾，必须对地主与农民、工人与资本家之间的认知对抗进行充分展示与强化。为此，我们塑造了"白毛女"与"刘文彩"的典型。在抗日战争时期，民族矛盾为主要矛盾，我们必须充分揭露揭露日本鬼子烧杀抢掠等反人类罪行，充分揭露"中日亲善""大东亚共荣圈"的虚伪本质。

三、对他"同时强化认知对抗与认识同化"

为了在认知对抗过程中取得战略优势，我们一方面必须充分扩展我方阵营，凝聚更多的外部力量，强化我方与第三方的认知同化强度；另一方面，必须充分充分缩减敌方阵营，强化第三方与敌方的认知对抗强度。总之，针对第三方，必须采取"同时强化认知对抗与认知同化"的策略。

例如，在解放战争时期，中国共产党总是充分扩大自己的统一战线，广泛争取各民主党派、知识分子、开明绅士和进步军人的同情与支持，从而最大限度地孤立了国民党、国民党军队与国民政府内部的顽固分子。

第二节 认知防御的三大原则

一、积极防御原则

积极防御主要表现为两个方面：一是积极实施自然科学与社会科学发展的大布局、大战略，大力发展科学、教育与文化事业，提高国民的整体文化素质，形成全民尊重知识、尊重知识分子的社会环境，逐渐建立牢固的认知安全"万里长城"；二是积极抢占制高点，包括信仰制高点、理论制高点与道德制高点。其中，抢占信仰制高点，使国民树立强烈的民族认同感与信仰使命感，进而形成强大的民族凝聚力；抢占理论制高点，就是大力发展和完善哲学社会科学的理论体系，并增强理论体系的自洽性、严谨性和完整性，及时弥补理论缺陷，始终站在真理的一方；抢占道德制高点，就是大力维护政府与政党的道德形象，始终站在正义与公平的一方，"得道多助，失道寡助"。

二、系统防御原则

系统防御表现为四个方面：全程防御、全要素防御、全线防御、全员防御。全程防御是指战前防御准备、战中防御展开、战后防御修复；全要素防御是指动员所有社会资源（人力、物力与财力），采用最先进的技术手段，进行全维度的认知防御；

全线防御是指认知安全系统的垂直维度防御（如经济领域、政治领域与文化领域等防御）、认知安全系统的水平维度防御（如感觉防御、认知防御、评价防御与意志防御）；全员防御是指所有社会成员参与认知防御（"全民皆兵"）。

三、科学防御原则

科学防御主要是指科学调配资源、合理安排程序、精准实施突破、巧妙化解敌力来实施认知防御。具体而言，就是采用堵疏相配、攻防兼备、平战结合、虚实并用等具体防御方式。

第三节 认知战的核心内容与攻防程序

认知战就是主体（国家或民族）之间在认知领域的竞争与博弈。认知攻击战往往是敌我双方同时展开的，因此，必须在有效打击敌方的同时，注意有效保护自己。

一、认知战的核心内容

1. 话权之争

敌我双方的认知战必须通过一定的话语通道来展开，这个通道就是"话权"。如果敌方控制或堵塞了我方的话权，那么，我方所有认知战的"炮弹"就发射不出去；即使发射出去了，也不会到达指定地域；即使到了指定地域，也都是"哑弹"。因此，话权是认知战的"基础设施"。

话权可分为电视话权、广播话权、报纸话权、期刊（杂志）话权、图书话权、会议话权、互联网话权、手机话权、直邮话权等。话权的决定因素主要有三个方面：一是实力（包括经济实力、科技实力、军事实力等）；二是队伍（要有一支高素质的管理队伍、技术队伍、理论队伍和新闻队伍）；三是平台（包括电视台、电台、报纸、杂志、图书、互联网等）。

2. 理念之争

认知战的核心内容，就是不同主体对于同一理念（包括概念、观点、理论等）的不同理解。例如，关于"人权"的理念之争，国家之间对于"人权"理念的不同理解，就会形成人权方面的认知战。人权方面的认知战主要体现在三个方面：一是关于人权各个内涵的不同理解；二是各个内涵的权重关系的不同理解；三是人权保障具体方式的不同理解；四是人权保障情况判断标准与评判主体的不同理解。正是因为存在这些差异，某些国家往往通过以"保障人权"为借口，干涉他国内政，侵犯他国主权。

显然，只有建立在事实依据、法理依据、情感依据基础上的理念，才有强大的生命力，那些大话、套话、空话没有任何生命力，无法抵御敌方的攻击。因此，为了抵御西方国家对于我国"人权""一国两制""中国特色社会主义""人民代表大会制度""独立自主的和平外交政策""一带一路"等理念的攻击，我们应该进一步发展和完善这些方面的理论体系，并确保其逻辑上的严谨性、结构上的系统性、道德上的正义性和证据上的充分性。

3. 证据之争

真理必须经得起实践检验，因此，所有的理念都要有充分的证据予以支持，才能使人信服，从而成为认知战中打击敌人的重磅"炮弹"。

令人信服的证据必须具备五个方面的特征：一是证据来源的真实性，杜绝虚假证据；二是取样范围的代表性，杜绝非代表性证据；三是样本容量的充分性，杜绝以偏概全；四是样本特性的有效性，杜绝无效证据（避免非法取样途径、倾向性获取方式、干扰性取样过程、人为性特征修饰）；五是证据链条的完整性，杜绝断链证据。

4. 受众之争

不同类型的人群对于不同的理念有着特殊的敏感性，这主要取决于理念对于他的利益相关性大小。只有通过理念的敏感性分析，并精准地向特定人群投送"认知炮弹"，才能使认知战发挥最佳的战争效果。

例如，军人及军人亲属对于"敌我战争实力对比""战争正义性""战争残酷性""战争灾难性"等理念很敏感；底层阶级对于"贫困""就业""贫富差距""价格指数"等理念很敏感；中产阶级、知识分子、青年学生等对于"公平""正义""自由"等理念很敏感；商人对于"贸易战""关税壁垒"等理念很敏感。

二、认知防御战的基本程序

1. 话权防御

话权防御可分为电视话权防御、广播话权防御、报纸话权防御、期刊（杂志）话权防御、图书话权防御、会议话权防御、互联网话权防御、手机话权防御、直邮话权防御等。话权防御就是抢占认知防御战的制高点，阻止敌方大规模、大范围、大当量地投射认知"炮弹"。

2. 理念化解

针对敌方投射过来的认知"炮弹"，可通过三个方面来进行化解：一是通过运用实证方法发现证据的非现实性，揭示其反真实性（没有事实依据）；二是通过运用科学方法找出其理论漏洞，以揭示其反逻辑性（没有理论依据）；三是通过运用道德标准与法律标准找出其社会危害性，揭示其反正义性（没有道德依据与法理依据）。最终使敌方的"认知炮弹"成为哑弹。

3. 证据证伪

敌方所提供的理念"证据"，可从五个方面进行证伪：一是证据来源的真实性置疑，揭露其证据的虚假性；二是取样范围的代表性置疑，揭露其证据的非代表性；三是样本容量的充分性置疑，揭露其证据的个别性；四是样本特性的有效性置疑，揭露其证据的无效性；五是证据链的完整性置疑，揭露其证据链的不连续性。

4. 动机揭露

敌方对于我方实施的认知战总有其战争动机，包括战略动机、战役动机与战术动机三个层次。对于敌方认知战的动机分析，可以深入揭露其邪恶本质，可以有效加强认知战的防御能力。

实体战争期间，敌方认知战的基本动机主要有：一是掩饰敌方的战略意图与邪恶目的；二是渲染我方战争的非正义性、社会危害性；三是瓦解我方官兵的士气与忠诚度，离间我方的官兵关系、军政关系和军民关系。

在和平期间，敌方认知战的基本动机主要有：瓦解我方的民族凝聚力，破坏我方百姓对于政府的信任度，激化我方的民族矛盾与阶级矛盾，恶化我方的社会治安，引发我方的社会动荡，打击我方的核心企业与民族品牌，削弱我方的文化影响力。

例如，西方国家操弄香港"占中"事件，其真实的战略动机是阻止我国的和平发展，巩固美国的霸权地位；战役动机是破坏香港的繁荣与稳定；战术动机是误导香港民众参与大规模群体性事件，削弱香港特区政府的管治，拓展反对派的政治生存空间。

5. 免疫与修复

在敌方发动认知战之前，要进行充分的思想教育，大力提高我方百姓的文化素养与思想品德，提高其对于真善美与假恶丑的辨别能力，强化其认知免疫系统。

在敌方发动认知战之后，要及时进行认知修复。对轻微病人进行及时的认知治疗；对于危重病人，要果断实施认知"隔离"与"重症监护"，以防"病毒传染"与"二次感染"。

三、认知攻击战的基本程序

1. 抢占话权高地

一是重视我方信息平台的建设：加大资金投入力度，加强队伍建设与人才培养，保持信息平台的媒体多样性、运行规模性与技术先进性。

二是充分展示我方信息平台在认知方面的真理性，在道德方面的正义性，以巩固我方的话权；深入揭露敌方信息平台在认知方面的虚伪性，在道德方面的邪恶性，以削弱敌方的话权。

三是疏通我方信息平台的信息通道，加强我方平台与百姓的信息互动，确保百姓对于平台的信任度与精神依赖感；堵塞敌方信息平台的信息通道，削弱敌方平台在百姓中的信任度与精神依赖感。

2. 精选认知理念

针对敌方在经济、政治（包括军事）与文化方面的弱点，选定某些认知理论进行认知攻击，以引发民众对于敌方政府、军队、政党及政客的不信任，从而削弱其政府号召力、政党影响力、民族凝聚力和军队战斗力。

例如，经济领域中的认知理论有：行业垄断、官商勾结、金融霸权、军工集团黑幕、经济剥削、贫困及贫富差距、公共卫生与医疗体系缺陷、生态与环境危机、自然资源危机等；政治领域中的认知理论有：社会治安、政府腐败、政治欺诈、暴力执法、毒品犯罪、司法不公、政党的选举作弊、政客的道德恶行、干涉他国内政等；文化领域中的认知理论有：意识形态的傲慢与偏见、媒体的宣传欺骗、性别歧视、种族歧视、教育不公平、言论不自由等；军事领域中的认知理论有：军队腐败、屠杀平民、虐待战俘、奸淫妇女、使用生化武器、武装侵略他国、挑起他国内乱等。

显然，在不同社会环境（如稳定环境与动荡环境）与历史时期（如和平时期与战争时期），民众对于不同认知理念的敏感性不一样，应该优选某些民众敏感性较高的认知理念。

3. 搜集有力证据

一是针对选定的认知理念，搜集有力证据，以充分揭露敌方的弱势。列举典型案例及相关的证人、证物、视频、照片等，并形成完整的证据链，尽量引用来自敌方或第三方的权威性资料与数据，以最大限度地提高案例与证据的可信度。

二是针对选定的认知理念，搜集有力证据，以充分展示我方的优势,并形成鲜明的对照关系。列举典型案例及相关的证人、证物、视频、照片等,并形成完整的证据链,尽量引用来自我方、敌方或第三方的权威性资料与数据,以最大限度地提高案例与证据的可信度。

4. 选定攻击目标

不同的群体往往对于认知理念的敏感性程度不同,必须针对敌方不同的群体,有选择性地投射"认知炮弹",实施认知攻击。

例如,底层民众主要关注贫困、失业、社会治安、刑事犯罪等认知理念;中产阶级或知识分子主要关注政府腐败、领导人的道德形象、言论自由、社会公平等认知理念;军人及军人家属主要关注战争的正义性、战争的残酷性与战争的灾难性等认知理念;政府官员与军队首领主要关注战犯惩治规则等认知理念。

5. 利用辅助手段

认知攻击战的实施,还必须辅助以相应的经济、政治与文化手段,通过我方经济力量的吸引、政治力量的压制与文化力量的感染,来提升认知攻击战的效果;还应该并尽量运用国际舆论、国际组织的影响力,以强化认知攻击战的力度;还应该尽量借助敌方内部的反对派力量,以延伸认知攻击战的广度与深度。

第四节　认知弱势心理

心理是指生物（或人类）对客观物质世界的主观反映，心理的表现形式叫作心理现象，包括心理过程和心理特性。人的心理过程可分解为四个相对独立的过程：感觉过程、认知过程、评价过程（包括情感过程与价值观过程）和意志过程，简称感、知、情、意。其中，感觉过程是人脑对于存在关系的主观反映，认知过程是人脑对于事实关系的主观反映，评价过程是人脑对于价值关系的主观反映，意志过程是人脑对于自身行为关系的主观反映。由于存在关系可以看作是初级阶段的事实关系，因此，感觉可以看作是初始阶段的认知；行为关系可以看作是一种特殊的价值关系，因此，意志可以看作是一种特殊的评价或情感。由此可见，心理可以分为两大类：一是认知心理，它是人脑对于事实关系（包括存在关系）的主观反映；二是评价心理（包括情感与价值观），它是人脑对于价值关系（包括行为关系）的主观反映。

由于认识世界的根本目的在于改造世界，认知心理是为评价心理服务的，因此，评价心理是人类心理活动的核心内容。总之，价值关系（包括行为关系）的变化决定着心理活动的核心内容。对于各种心理形式的本质认识，必须从其价值关系的变化情况来进行考察。

在实施认知战与心理战时，必须致力于提高自己认知战与心理战的作战能力，为此必须努力提高每个人的心理素质，并克服各种认知弱势心理，尤其需要克服五种典型的认知弱势心理（侥幸心理、麻痹心理、多疑心理、胆怯心理与骄横心理）。

一、侥幸心理的本质

侥幸心理是指人企图偶然地、意外地获得利益或躲过不幸的心理活动。

侥幸心理的本质：有些负向价值实际上很容易出现，人却认为这些负向价值很难出现，即使它出现了，自己也有足够的能力来应对。或者，正向价值实际上很难出现，人却认为这些正向价值很容易出现。

侥幸心理产生的主观原因：人在主观上的盲目乐观。

侥幸心理产生的客观原因：由于偶然因素的影响，人在过去一段时间里，负向价值实际上多次没有出现而侥幸过关，或者难以出现的正向价值却实际上出现了数次，从而容易形成一种侥幸的经验性心理倾向。

侥幸心理的矫正：一是仔细分析负向价值在过去多次没有出现的偶然因素；二是仔细衡量或模拟展现负向价值一旦出现，可能导致的严重后果。

二、麻痹心理的本质

麻痹心理是指人缺乏必要的警惕性，对外部的刺激信息不敏感、不关心。

麻痹心理的本质：没有意料到或完全忽视来自敌方的各种隐性的负向价值（危险因素、伤害因素等），并没有做好必要的防患准备。

麻痹心理产生的主观原因：人在主观上的麻木不仁，以及人在主观上把注意力的重心完全转移到其他事物上。

麻痹心理产生的客观原因：由于偶然因素的影响，人在过去一段时间里，某些隐性的负向价值一直没有出现，从而容易形成一种麻痹的经验性心理倾向。

麻痹心理的矫正：一是仔细分析某些隐性负向价值一直没有出现的偶然因素；二是仔细衡量或模拟展现某些隐性负向价值一旦出现，可能导致的严重后果。

三、多疑心理的本质

多疑心理是指神经过敏、疑神疑鬼的心理活动，常常把别人无意或善意的行为，误解为对自己怀有敌意。

多疑心理的本质：对于本来是零价值或正向价值的事物，由于主观判断的失误，认为其很可能是负向价值，并产生了相应的心理防备。

多疑心理产生的主观原因：人在主观上的盲目多疑。

多疑心理产生的客观原因：人由于过去多次受到过自己所信任的人或事的负面打击（如欺骗、背叛、意外伤害等），从而容易形成对于某些人或事产生怀疑的经验性心理倾向。

多疑心理的矫正：仔细分析过去受到过的自己所信任的人或事的负面打击（如欺骗、背叛、意外伤害等）的具体原因，逐渐消除对于所有事物的怀疑心理。并且要使他相信大部分人或事是值得信任的，欺骗、背叛与意外伤害毕竟是小概率事件。

四、胆怯心理的本质

胆怯心理是指人对于某些事物产生害怕的心理活动。

胆怯心理的本质：人对于事物负向价值的评估值明显偏高，而自己对于巨大负向价值承受能力的评估值明显偏低。或者，人对于敌方的价值与能力的评估值明显偏高，而对于我方的价值与能力的评估值明显偏低。

胆怯心理产生的主观原因：人在主观上的盲目自卑、缺乏自信。

胆怯心理产生的客观原因：由于过去多次受到敌方严重的负向打击，并造成了严重的伤害，从而形成一种害怕的经验性心理倾向。

胆怯心理的矫正：一是科学、客观、全面而准确地分析和认识我方的价值、素质与能力；二是科学、客观、全面而准确地认识敌方的价值、素质与能力。

五、骄横心理的本质

骄横心理是指人傲慢且蛮横的心理活动。

骄横心理的本质：人对于敌方的价值及价值创造能力的评估值明显偏低，而对于我方的价值及价值创造能力的评估值明显偏高。

骄横心理产生的主观原因：人在主观上的盲目自大、盲目自信。

骄横心理产生的客观原因：由于某些偶然因素，自己轻易取得了多次巨大成功，从而形成一种骄横的经验性心理倾向。

骄横心理的矫正：一是科学、客观、全面而准确地分析和评价我方实际的价值、素质与能力；二是科学、客观、全面而准确地认识和评价敌方实际的价值、素质与能力。

第五节 人在不同年龄段的认知心理

不同年龄阶段的人，往往有着不同的生理特征与心理特征，往往担任不同的社会角色，承担着不同的社会责任，所有这些差异将会形成不同年龄段人们之间的认知差异与认知对抗，即"认知代沟"。人的认知特征是由其价值特征决定的，人处在不同年龄阶段，其价值特征呈现出不同的变化规律，从而决定了人的认知特征与认知对抗特征呈现出不同的变化规律。

一、四种典型的价值流量参数

人的生命过程实际上就是各种价值的投入产出过程，也是各种价值流量的变化过程。人的个体价值系统的价值流动可通过四种典型的价值流量参数来进行描述。

1. 投入价值流量

投入价值流量：在单位时间内所投入的价值量，就是投入价值流量，其度量单位是：焦耳／秒。在投入价值流量中，有一部分是属于抚养性价值流量，由家庭或社会提供给儿童与少年；还有一部分属于赡养性价值流量，由家庭或社会提供给老年人。

2. 产出价值流量

产出价值流量：在单位时间内所产出的价值量，就是产出价值流量，其度量单位是：焦耳／秒。

3. 回馈价值流量

回馈价值流量：在产出价值流量中，用以回馈社会或家庭的那部分价值流量，就是回馈价值流量，其度量单位是焦耳/秒。回馈价值流量主要由青年人与中年人形成，并回馈给家庭或社会，一方面用以冲抵自己在儿童与少年时期所耗费的抚养性价值流量，另一方面用以冲抵自己在未来的老年时期所需要的赡养性价值流量。

4. 回流价值流量

回流价值流量：在产出价值流量中，用以重新回流到价值系统之中的那部分价值流量，就是回流价值流量，其度量单位是焦耳/秒。回流价值流量由儿童、少年、青年人、中年人与老年人自己生产出来，并重新返回到自己的价值系统之中。其中，在青年与中年的交叉点，回流价值流量达到最大值。

二、生命周期各种价值流量的变化规律

人处于不同的年龄段，其价值流量表现出不同的变化特征，并呈现出周期性的变化规律。研究表明，人类生命周期各种价值流量的变化规律，如下图所示：

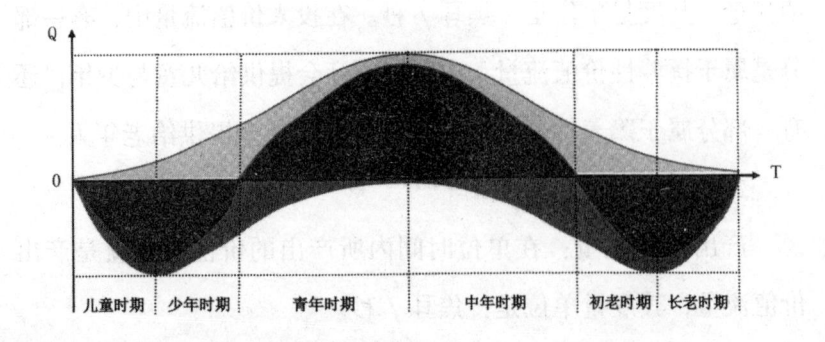

在上图中，红色面积表示回馈价值流量，黄色面积表示回流价值流量，左侧蓝色面积表示抚养性价值流量，右侧蓝色面积表示赡养性价值流量，绿色面积表示投入价值流量；横坐标的上方表示产出价值流量（包括红色面积和黄色面积两个部分），横坐标的下方表示投入价值流量（包括两个蓝色面积和一个绿色面积）。根据上图中各个区域面积的相对变化，可以判断与认识社会的生存和发展情况。

个体的生存与发展情况：当横坐标的上方面积（红色面积与黄色面积之和）大于下方面积（绿色面积与两块蓝色面积之和）时，价值系统的产出价值流量大于其投入价值流量，从而产生了价值增值，因此，价值系统处于发展状态；当横坐标的上方面积等于下方面积时，价值系统的价值流量保持不变，因此处于平衡状态或生存状态；当横坐标的上方面积小于下方面积时，价值系统的价值流量不断减少，因此处于衰退状态。个体价值系统的发展情况取决于信息的作用，信息是价值的唯一源泉，如果价值产出流量大于价值投入流量，说明信息使个体价值系统产生了价值增值。信息既可来源于外界的输入，也可来源于内部的自主生产。

社会的生存与发展情况：当社会人均横坐标的上方面积（红色面积与黄色面积之和）大于下方面积（绿色面积与两块蓝色面积之和）时，社会价值系统处于发展状态；当社会人均横坐标的上方面积等于下方面积时，社会价值系统处于平衡状态或生存状态；当社会人均横坐标的上方面积小于下方面积时，社会价值系统处于衰退状态。

个体与社会的平衡状态：当回馈价值流量（红色面积）小于抚赡性价值流量（两块蓝色面积）时，个体相对于社会（或家庭）处于发展状态；当回馈价值流量等于抚赡性价值流量时，个体相对于社会（或家庭）处于平衡状态，此时上图中的黄色面积完全等于绿色面积；当回馈价值流量大于抚赡性价值流量时，个体相对于社会（或家庭）处于衰退状态。

三、人生各阶段划分的基本方法

人生在不同阶段，其四种价值流量参数表现出不同的变化特征，其价值流量变化曲线呈现出不同的拐点。因此，从价值论的角度对人生各阶段进行划分，具有更高的科学性、客观性和精确性。

根据上述的人类"生命周期各种价值流量的变化规律"，提出如下人生阶段划分的基本方法：

儿童时期（从0岁到10岁）。此时，个体的价值流量主要由社会与家庭的抚养性价值流量来提供，随着年龄的增长，抚养性价值流量逐渐上升，在儿童末端（10岁）将达到最大值。同时，由于生活自理能力的缓慢提高，儿童的回流价值流量缓慢上升。显然，儿童时期的末端是抚养性价值流量由大变小的拐点。

少年时期（从10岁到20岁）。此时，社会与家庭的抚养性价值流量逐渐减少，在少年时期末端（20岁）降为0。由于少年在生活自理性、行为自觉性、思维主动性等方面的快速增强，少年的回流价值流量快速增长，到了少年时期末端（20岁）将达到最大值。这个时期，虽然父母所付出的金钱和物质可能还会继续增长，但在生活与学习、思想与行为、安全与健康等方面的操心程度将会大幅度地下降。显然，少年时期末端是抚养性价值流量转化为回馈性价值流量的拐点。

青年时期（从20岁到40岁）。此时，青年的劳动生产能力快速增强，其产出价值流量快速上升。同时，青年开始回馈社会与家庭，并且随着年龄的增长，回馈价值流量快速增长，并在青年时期末端（40岁）达到最大值。显然，青年时期的末端是回馈性价值流量由大变小的拐点。

中年时期（从40岁到60岁）。此时，中年的劳动生产能力开始缓慢下降，其产出价值流量缓慢减少；同时，中年对于社会与家庭的价值回馈力度逐渐下降，其回馈价值流量逐渐下降，在中年时期末端（60岁）降为0。显然，中年时期末端是回馈性价值流量转化为抚养性价值流量的拐点。

初老时期（从60岁到70岁）。此时，老年人开始脱离社会、脱离社会性生产劳动，并开始接受社会或家庭的赡养性价值流量，到了初老时期末端赡养性价值流量达到最大值。显然，初老时期的末端是赡养性价值流量由大变小的拐点。

长老时期（从70岁到死亡）。此时，老年人会进一步脱离社会，健康状态继续下降，人的活动范围越来越狭窄，精神性和物质性价值消耗量也在逐渐减少（但医疗费用可能还会继续增长），老年人所接受的赡养性价值流量将会逐渐减少，在死亡时间降为0。显然，长老时期的末端是赡养性价值流量变为0的拐点。

四、人在不同年龄段的认知心理特征

不同年龄段的人，其价值流量参数表现出不同的变化特征，从而产生不同的认知特征与价值观特征。

儿童时期的认知心理特征：儿童时期是生理性价值系统逐渐走向成熟的阶段，也是意识的感觉系统快速发展并逐渐走向成熟的阶段。此时，儿童需要大量的感觉活动来感受外界的刺激信号，所以玩耍与玩具是儿童主要的丰富感觉内容的方式，童话故事可丰富其第二信号系统的感受内容，图文并茂的图书也是其重要的信息来源。其抚养性价值流量（主要由父母提供）在儿童末期（10岁）达到最大值，由于其价值系统属于持续发展阶段，所以他们常常持有积极与乐观的情感取向。家庭往往会对儿童抱有较大的希望，并且尽力为其提供安全、舒适、充裕的生存环境。由于其抚养性价值流量主要由家庭及社会提供，所以他们对于家庭（尤其是父母）与社会有着强烈的依赖心理，并且很注重他人对于自己的态度。由于儿童的认知系统还很简单，只能讲很肤浅的道理；对于真善美（或假恶丑）的评价往往很简单、很直接，情绪波动大，容易产生恐惧心理；意志系统还很脆弱，自我控制能力较差，注意力不集中。

少年时期的认知心理特征：少年时期是个体性价值系统逐渐走向成熟的阶段，也是意识的认知系统快速发展并逐渐走向成熟的阶段。此时，需要大量的知识学习与思维训练来提高其认知能力。其抚养性价值流量在少年末期（20岁）降为0，开始脱离对于家庭（父母）的依赖。体力劳动能力提升速度较快。

由于其价值系统属于持续发展阶段，所以他们常常持有积极与乐观的情感取向。富于热情、奔放、果断，但容易激动、轻率。由于其神经系统功能尤其是内抑制功能的发达，以及动机的深刻性和目的水平的提高，青少年在面对困难时表现出坚持性。

青年时期的认知特征：青年时期是社会性价值系统逐渐走向成熟的阶段，也是意识的评价系统快速发展并逐渐走向成熟的阶段。其中，青年早期（从20岁到30岁）是意识的评价系统逐渐走向成熟的阶段，青年后期（从30岁到40岁）是意识的意志系统逐渐走向成熟的阶段。此时，需要大量参与各种社会活动和个体活动来丰富其评价系统与意志系统。适度的"行为试错"，来训练和提高其评价能力。经历风雨，大胆参与社会活动，经历失败与成功的锻炼，才能不断提高其。由于其价值系统属于持续发展阶段，所以他们常常持有积极与乐观的情感取向。开始步入社会，社会性价值（包括社会性生产价值与社会性消费价值）逐渐增长，精力充沛，活跃性较强，自尊性开始逐渐提升，回馈价值流量逐渐提高，在青年末期（40岁）达到最大值。对于子女的抚养以及对于父母的赡养负担在逐渐提高。婚姻与家庭问题是其重要问题。青年时期是富有激情与理想、富有幻想的阶段。价值流量的快速增长，活动空间快速扩张，冒险与创新是其生活主题。价值系统的各种价值流量都处于激烈波动状态。成功发展的机遇多，失败的可能性也大。

中年时期的认知心理特征：中年时期是整个价值系统运行与发展的时期，也是意识的意志系统快速发展并逐渐走向成熟的阶段。价值系统的各种价值流量都处于相对稳定状态。由于其价值系统属于持续发展阶段,所以他们常常持有积极与乐观的情感取向。比较讲求现实,一切从现实条件出发,不再做不切实际的事,而是脚踏实地。接受人生无常,接纳他人,接纳社会现实,接纳自己。

初老时期的认知心理特征:初老时期是社会性价值系统逐渐走向萎缩的阶段,也是意识的感觉系统开始走向萎缩的阶段。其赡养性价值流量(主要由子女提供)在初老末期(10年)达到最大值。社会性价值的快速萎缩,容易使初老年人产生敏感的心态。此时他们较为关心自己在社会中的地位差异。由于其价值系统属于持续萎缩阶段,所以他们常常持有消极和悲观的情感取向。疑心病重,进入老年期后智力逐渐减退,但其程度有很大差异,并且与心理因素有密切关系。有的老年人因为本人的自信心不足,充满猜疑和嫉妒。一般认为,人进入老年期后,对周围人不信任感和自尊心增强,常计较别人的言谈举止,严重者认为别人居心叵测,常为之而猜疑重重。由于生理功能减退,性欲下降,易怀疑自己配偶行为,常因之而争吵。并且由于判断力和理解力减退,常使这些想法变得更为顽固,甚至发展成为妄想。每当目睹年轻人活泼好动等性格时,常因之而嫉妒和自责。并因顽固、执拗的个性,主观臆测,思维一旦走进死胡同,钻了牛角尖,就很容易发生心理的反常和行为的变态;表现为内心空虚,易出现焦虑抑郁的情绪反应,常伴有自责。有时为周围环境及影视中有关人物的命运而悲伤或不平,迅速出现情绪高涨、低落、激动等不同程度的情绪变化,时而天真单纯,忽而激动万分。

长老时期的认知心理特征：长老时期是个体性价值系统逐渐走向萎缩的阶段，也是其意识的认知系统逐渐萎缩的时期。个体性价值的快速萎缩，容易使长老年人产生敏感的心态。此时，他们主要关心自己的健康状态。其赡养性价值流量（主要同由子女提供）在长老末期趋于0。由于其价值系统属于持续萎缩阶段，因此他们常常持有消极与悲观的情感取向。由于其赡养性价值流量主要由家庭及社会提供，所以他们对于家庭（尤其是子女）与社会有着强烈的依赖心理，并且很注重他人对于自己的态度。

五、人在不同年龄段的认知对抗

不同年龄段的人具有不同的认知特征，从而产生不同的认识对抗。

1. 儿童与青年人的认知对抗（或父子一期认知对抗）

儿童处于抚养性价值流量的逐渐增长期，青年人处于回馈性价值流量的逐渐增长期。在认知方面，儿童时期的子女对于父母是处于崇拜与依附的状态，此时，他们常常认为"父母真是了不起"；在认知方面，青年时期的父母对于子女处于教育和培养的状态，此时，他们认为"孩子真是很可爱"。该阶段属于"父子无认知对抗期"。

2. 少年人与中年人的认知对抗（或父子二期认知对抗）

少年处于抚养性价值流量的逐渐减少期，中年人处于回馈性价值流量的逐渐减少期。子女初步接触外界的新事物，并开始独立思考，他们常常认为"父母好像有时也不对"；中年时期的父母对于世界的认知状态基本定型，他们认为"孩子有些不懂事、不听话"。该阶段属于"父子弱认知对抗期"。

3. 青年人与初老年人的认知对抗（或父子三期认知对抗）

青年处于回馈性价值流量的逐渐增长期，初老年人处于赡养性价值流量的逐渐增长期。青年时期的子女的认知范围正在迅速扩大，他们常常认为"父母是个老古板"；初老年人时期的父母的认知范围正在迅速缩小，他们常常认为"孩子真是不懂事、不像话"。该阶段属于"父子强认知对抗期"。

4. 中年人与长老年人的认知对抗（或父子四期认知对抗）

中年人处于回馈性价值流量的逐渐减少期，长老年人处于赡养性价值流量的逐渐减少期。中年时期的子女对于世界的认知状态基本定型，他们常常认为"父母其实很优秀"；长老时期的父母的认知能力与认知范围正在萎缩，他们常常认为"我的孩子真的很棒"。该阶段属于"父子无认知对抗期"。

第六节　宗教认知对抗系统

宗教是一种特殊的文化形式，是人类社会发展过程中必然存在的社会历史现象。在科学高度发展的今天，世界上仍然有近三分之二的人信仰各种各样的宗教，宗教仍然显示其强大的生命力和社会价值特性，它是人类认识世界、改造世界的重要成果之一。

过去，许多人往往只看到了它的反认知逻辑性、社会危害性和主观虚幻性，很少认识到它的价值逻辑性、社会有益性和客观现实性，从而对宗教及其社会历史功能形成了巨大的偏见，严重地阻碍着社会的进步和社会科学的发展。

一、人类的两套作用系统

人类有两套作用系统：一是精确作用系统；二是模糊作用系统。其中，精确作用系统又可分为自然性精确作用系统与社会性精确作用系统；模糊作用系统又可分为自然性模糊作用系统与社会性模糊作用系统。

人类两套作用系统的相互关系表现为五个方面：一是精确作用系统起源于模糊作用系统；二是精确作用系统与模糊作用系统相互补充；三是精确作用系统将对模糊作用系统产生导向作用和稀释作用；四是精确作用系统与模糊作用系统有时会产

认知对抗论

生对立；五是模糊作用系统最终会被精确作用系统所融合。

人类两套作用系统的逻辑结构，如下图所示：

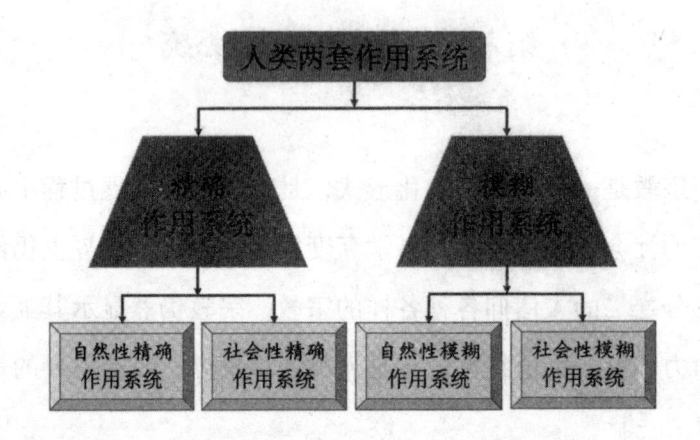

二、精确作用系统

精确作用系统可分为自然性精确作用系统与社会性精确作用系统。

1. 自然性精确作用系统

自然性精确作用系统可分为资料、行为与意识三个基本层次。其中，规范性资料称之为产品；行为是关于资料的规则体系，规范性行为称之为技术；意识是关于行为的规则体系，规划性意识称之为科学。

自然性精确作用系统的逻辑结构，如下图所示：

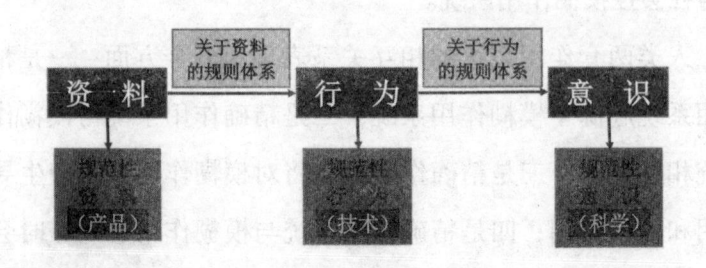

2. 社会性精确作用系统

社会性精确作用系统可分为社会分工、社会管理与社会意识三个基本层次。其中，规范性社会分工称之为经济；社会管理是关于社会分工的规则体系，规范性社会管理称之为政治；社会意识是关于社会管理的规则体系，规划性社会意识称之为文化。

社会性精确作用系统的逻辑结构，如下图所示：

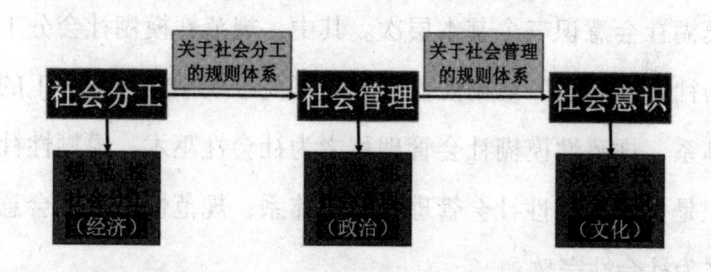

```
社会分工 ──关于社会分工的规则体系──→ 社会管理 ──关于社会管理的规则体系──→ 社会意识
   ↓                                    ↓                                    ↓
 （经济）                              （政治）                              （文化）
```

三、模糊作用系统

模糊性作用系统可分为自然性模糊作用系统与社会性模糊作用系统。

1. 自然性模糊作用系统

自然性模糊作用系统可分为模糊资料、模糊行为与模糊意识三个基本层次。其中，规范性模糊资料称之为模糊产品（自然性法器）；模糊行为是关于模糊资料的规则体系，规范性模糊行为称之为模糊技术（自然性巫术）；模糊意识是关于模糊行为的规则体系，规范性模糊意识称之为模糊科学（自然性宗教）。

自然性模糊作用系统的逻辑结构，如下图：

```
模糊资料 —关于模糊资料的规则体系→ 模糊行为 —关于模糊行为的规则体系→ 模糊意识
   ↓                                    ↓                                ↓
(自然性法器)                         (自然性巫术)                      (自然性宗教)
```

2. 社会性模糊作用系统

社会性模糊作用系统可分为模糊社会分工、模糊社会管理与模糊社会意识三个基本层次。其中，规范性模糊社会分工称之为社会性法器；模糊性社会管理是关于模糊性社会分工的规则体系，规范性模糊社会管理称之为社会性巫术；模糊性社会意识是关于模糊性社会管理的规则体系，规范性模糊社会意识称之为社会性宗教。

社会性模糊作用系统的逻辑结构，如下图：

```
模糊社会分工 —关于模糊社会分工的规则体系→ 模糊社会管理 —关于模糊社会管理的规则体系→ 模糊社会意识
     ↓                                          ↓                                          ↓
规范性模糊社会分工                        规范性模糊社会管理                        规范性模糊社会意识
  (社会性法器)                              (社会性巫术)                              (社会性宗教)
```

四、宗教认知对抗的类型

宗教属于人类的模糊作用系统，可分为两种类型：一是自然性宗教，它是人类对于自然系统的模糊认识；二是社会性宗教，它是人类对于社会系统的模糊认识。

宗教由于具有两个方面的特点，从而很容易产生认知对抗：

一方面，宗教属于一种模糊性认知方式，由于它在认知方面的模糊性与非逻辑性，从而容易在宗教与非宗教之间、不同宗教之间、宗教内部各派别之间形成巨大的认知差异；另一方面，宗教属于一种规范性社会意识，由于它在价值方面代表着不同阶级、不同民族、不同社会群体的核心利益，从而容易在宗教与非宗教之间、不同宗教之间、宗教内部各派别之间形成激烈的认知对抗。

第七节　国际认知对抗系统

国家之间既存在共同利益，也存在矛盾利益。共同利益决定着国家之间的合作与交流，国家之间的矛盾利益决定着国家之间的竞争与斗争。合作与交流引导国家之间产生认知同化作用，竞争与对抗引导国家之间产生认知对抗作用。

一、国家利益的两个组成部分

国家作为一种特殊的人类主体，有着两种身份：一是作为一个群体性价值系统，其价值资源可以相对独立地运行，从而形成国家的内部价值；二是国家与其他国家之间会产生相互作用，既有相互交流与合作的价值关系，也有相互竞争与对抗的价值关系，从而形成国家的外部价值。

由此可见，国家利益（或国家价值）可分为国家本体利益（或国家本体价值）与国家延伸利益（或国家延伸价值）两个组成部分。

国家本体利益：国家内部要素所形成的利益。

国家延伸利益：国家与其他国家的相互作用所产生的利益。

二、国家本体利益的逻辑结构

国家本体利益可分为自然性国家利益与社会性国家利益两

个方面。其中，自然性国家利益可分为资料性利益（包括资源与产品利益）、行为性利益（包括技术利益）与意识性利益（包括科学利益）三个基本层次；社会性国家利益可分为社会分工利益（包括经济利益）、社会管理利益（包括政治利益、军事利益）、社会意识利益（包括文化利益）。

国家本体利益的逻辑结构，如下图所示：

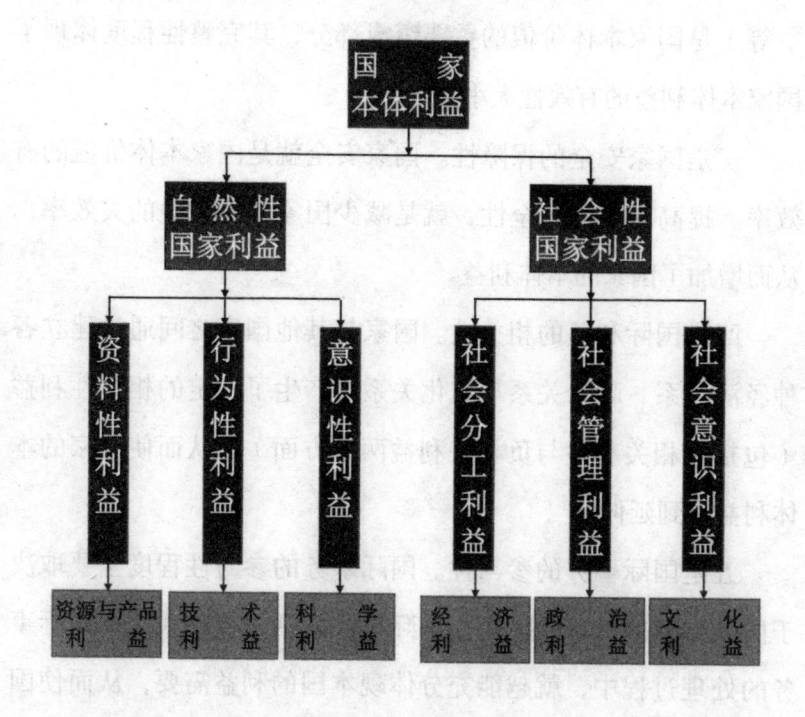

国家综合力量包括自然性力量与社会性力量两个方面。其中，经济力量是社会性力量的一个基础方面。

三、国家延伸利益的逻辑结构

国家延伸利益主要包括五个方面：

一是国家主权的尊重性。国家主权是指国家在国际法上所固有的独立处理对内对外事务的权力。国家主权只有得到充分尊重，一方面国家内政的运行才能不受干扰地顺利运行，国家的各种法律法规及内政方针不被他国的意志所左右，使国家的本体利益不会发生偏移而造成损失；另一方面国家对外事务的处理也能充分体现本国的利益需要。

二是国家领土的完整性。国家领土（包括领陆、领海、领空等）是国家本体价值的重要组成部分，其完整性程度体现了国家本体利益的有效性大小。

三是国家安全的保障性。国家安全就是国家本体价值的有效率。提高国家的安全性，就是减少国家本体利益的失效率，从而增加了国家的本体利益。

四是国际利益的相关性。国家与其他国家之间通过建立各种经济关系、政治关系与文化关系，产生了一定的相关性利益（包括正相关利益与负相关利益两个方面），从而使国家的本体利益得到延伸。

五是国际事务的参与性。国际事务的参与性程度主要取决于国际事务的话语权大小。国际事务的话语权越大，在国际事务的处理过程中，就越能充分体现本国的利益需要，从而使国家的延伸利益得到发展。

四、国际认知对抗系统的逻辑结构

国家之间既存在共同利益（如气候变化、环境污染、核武器扩散、恐怖主义、毒品犯罪、病毒传染等），也存在矛盾利益（如资源矛盾、领土争议、贸易争端、专利技术纠纷等）。共同利益将会形成国家之间的认知同化，矛盾利益将会形成国家之间的认知对抗。国际认知对抗系统可分为两个部分：国家本体利益认知对抗系统与国家延伸利益认知对抗系统。

1. 国家本体利益认知对抗系统

国家本体利益认知对抗系统可分为自然性认知对抗与社会性认知对抗两个部分。其中，自然性认知对抗包括资料性认知对抗（包括资源与产品认知对抗）、行为性认知对抗（包括技术认知对抗）、意识性认知对抗（包括科学认知对抗）；社会性认知对抗包括社会分工认知对抗（包括经济认知对抗）、社会管理认知对抗（包括政治认知对抗）、社会意识性认知对抗（包括文化认知对抗）。国家本体利益认知对抗系统的逻辑结构，如下图所示：

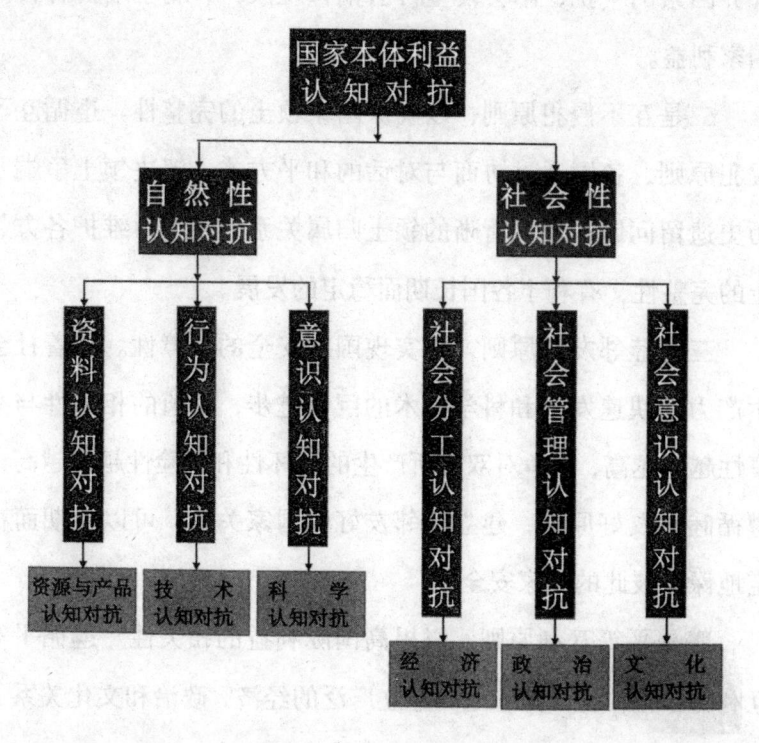

国际认知对抗的逻辑结构与国际认知同化的逻辑结构完全相同。

2. 国家延伸利益认知对抗系统

国家延伸利益认知对抗系统可分五个部分：国家主权认知对抗、国家领土认知对抗、国家安全认知对抗、国际利益认知对抗、国际事务认知对抗。

五、处理国际关系的基本原则

处理国际关系应该遵循的五大原则：

一是互不干政原则，以维护国家主权的尊重性。遵循互不干政原则，各国按照本国的意志处理国内与国外的事务，不受外界因素的干扰，不会发生价值偏移现象，有利于维护各自的国家利益。

二是互不侵犯原则，以确保国家领土的完整性。遵循互不侵犯原则，各国通过协商与对话的和平方式，解决领土争端及历史遗留问题，建立清晰的领土归属关系，并大力维护各方领土的完整性，有利于各国长期而稳定的发展。

三是睦邻友好原则，以实现国家安全的保障性。随着社会生产力的快速发展和科学技术的巨大进步，价值的相关性与共享性越来越高，战争对双方所产生的破坏性和风险性越来越高，遵循睦邻友好原则，建立睦邻友好的国家关系，可以长期而稳定地保障彼此的国家安全。

四是平等互利原则，以提高国际利益的相关性。遵循平等互利的原则，各个国家之间建立广泛的经济、政治和文化关系，形成越来越强大的利益相关性，并产生合作共赢的价值效果。

五是反对霸权原则，以增强国际事务的参与性。霸权主义的本质就是把大国或强国的意志强加给小国或弱国，以削减小国或弱国对于国际事物的参与性，并损害其国家利益。

以上五个原则可以归纳为一个总原则：和平共处原则。而与"和平共处原则"相对立的原则就是"霸权主义"。

第八节 国家安全系统

国家的认知安全是国家安全的重要组成部分，而且是最高层次的国家安全，它深刻地、长远地影响着国家的基础安全。在现代社会，一个国家如果想通过军事手段来颠覆另一个国家的政权，并破坏敌方的经济基础与政治体制，往往会冒着巨大而不可预测的战争风险，并且会付出巨大的代价。因此，敌对势力常常会通过认知对抗的方式，首先突破我方的认知安全系统，并促成我方内部势力的分化与瓦解，消解我方的抵抗意志和内部凝聚力，然后再突破我方的基础安全系统。

一、武器系统的基本结构

在冷兵器时代，以及热兵器初始时代，武器是由人来直接操作的。随着社会生产力的不断发展和科学技术的不断进步，特别是随着信息技术和人工智能水平的不断提高，武器越来越复杂化和智能化，武器逐渐通过信息方式进行自动化控制，而人主要是通过信息控制手段来间接地控制武器。

由此可见，在信息社会，武器系统可分为三个基本层次：物理武器系统、信息武器系统和认知武器系统。其中，物理武器系统是基础，信息武器系统建立在物理武器系统之上，认知武器系统又建立在信息武器系统之上。

二、国家安全系统的基本结构

由于武器的客观目的在于保障主人的人身安全与财产安全，或者剥夺他人的人身安全与财产安全，从而为主人获取更多的利益，所以武器系统的基本结构与安全系统的基本结构相类似。

在信息社会，国家安全系统可分为三个基本层次：国家本体安全系统、国家信息安全系统和国家认知安全系统。其中，国家本体安全系统是基础，国家信息安全系统建立在国家本体安全系统之上，国家认知安全系统又建立在国家信息安全系统之上。

三、国家本体安全的系统结构

国家本体安全可分为自然性本体安全与社会性本体安全两个方面。

1. 自然性本体安全

自然性本体安全可分为资料性安全（包括资源安全与产品安全）、行为性安全（包括技术安全）与意识性安全（包括科学安全）三个基本层次。

当技术是行为的主流部分时，行为性安全主要体现为技术安全；当科学是意识的主流部分时，意识性安全主要体现为科学安全。

2. 社会性本体安全

社会性本体安全可分为社会分工安全（包括经济安全）、社会管理安全（包括政治安全、军事安全）、社会意识安全（包括文化安全）。

当经济是社会分工的主流部分时，社会分工安全主要体现为经济安全；当政治是社会管理的主流部分时，社会管理安全主要体现为政治安全；当文化是社会意识的主流部分时，社会意识安全主要体现为文化安全。

国家本体安全的系统结构，如下图所示：

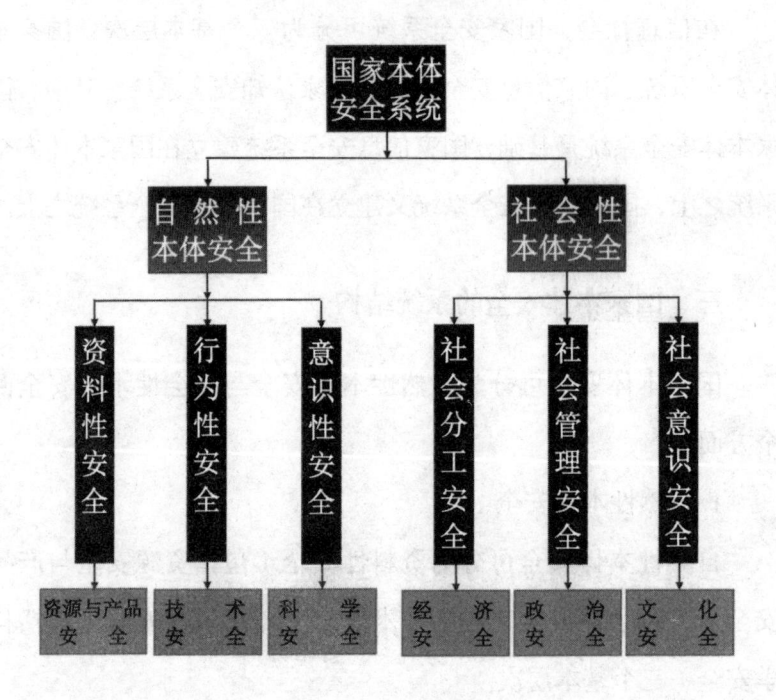

四、国家信息安全的系统结构

国家信息安全可分为自然性信息安全与社会性信息安全两个方面。

1. 自然性信息安全

自然性信息安全可分为资料性信息安全（包括产品信息安全）、行为性信息安全（包括技术信息安全）与意识性信息安全（包括科学信息安全）三个基本层次。当技术是行为的主流部分时，行为性信息安全主要体现为技术信息安全；当科学是意识的主流部分时，意识性信息安全主要体现为科学信息安全。

2. 社会性信息安全

社会性信息安全可分为社会分工信息安全（包括经济信息安全）、社会管理信息安全（包括政治信息安全、军事信息安全）和社会意识信息安全（包括文化信息安全）。当经济是社会分工的主流部分时，社会分工信息安全主要体现为经济信息安全；当政治是社会管理的主流部分时，社会管理信息安全主要体现为政治信息安全；当文化是社会意识的主流部分时，社会意识信息安全主要体现为文化信息安全。

国家信息安全系统结构，如下图所示：

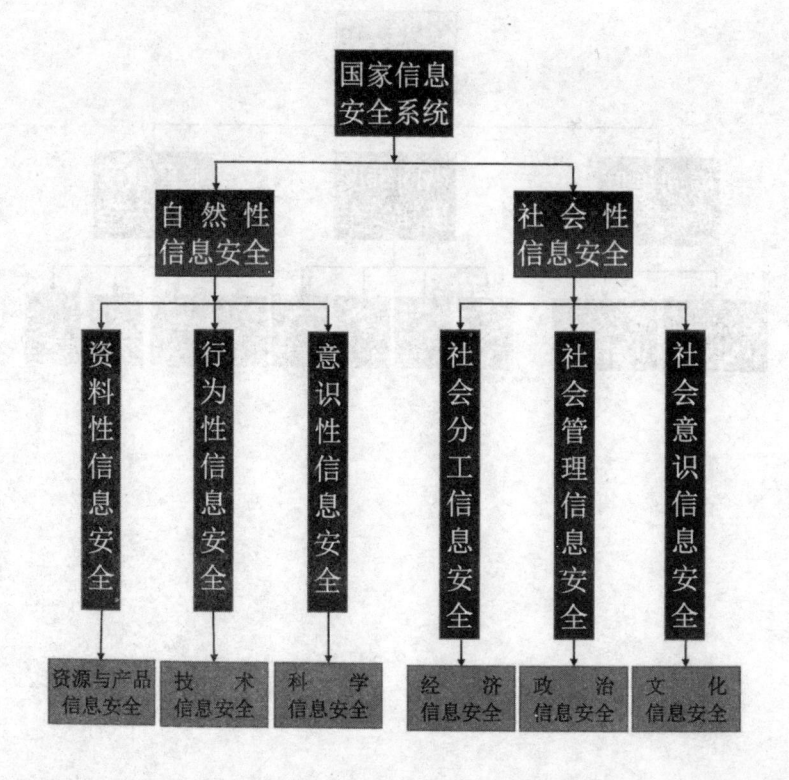

五、国家认知安全的系统结构

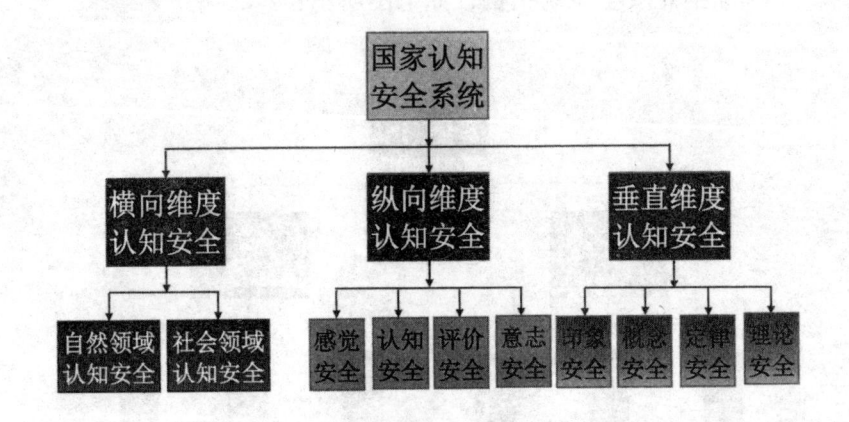

认知安全的系统结构与认知防线的系统结构完全相同（详见"认知防线的系统结构"一文）。认知安全系统是一个三维系统：横向维度认知安全系统、纵向维度认知安全系统与垂直维度认知安全系统。其中，横向维度认知安全系统由认知内容决定，可分为自然领域认知安全与社会领域认知安全；纵向维度认知安全系统由认知过程决定，可分为感觉安全、认知安全、评价安全与意志安全；垂直维度认知安全由认知逻辑决定，可分为印象安全、概念安全、定律安全与理论安全。

国家认知安全的系统结构，如下图所示：

第九节　国家自信系统

国家自信对于提升国内凝聚力和增强国外影响力至关重要，并在认知对抗中起着十分重要的作用。

一、自信的基本内涵

对于个体而言，自信是人对于自身价值、能力与素质相对于他人的优势性肯定；对于国家而言，自信是国家对于社会分工领域（包括经济领域）、社会管理领域（包括政治领域）与社会意识领域（包括文化领域）相对于他国的优势性肯定。

自信的基本内涵主要包括四个方面：

1. 自信而不自满，需要不断发展

任何社会制度、理论体系、文化形态都是一个不断发展与完善的过程。优势的主体如果自满于现状，就必然会走向衰落。自满的具体表现是：墨守成规、拒绝变革、闭关自守、教条主义、目空一切。

2. 自信而不傲慢，需要谦虚学习

对于个人而言，"三人行必有我师"；对于民族而言，每个民族都有其优势与长处，要善于学习其他民族的长处。中华民族的发展历史，就是汉族不断吸收与融合其他兄弟民族优秀成分的过程。傲慢的具体体现是：既看不到自己的缺点与弱项，也看不到他人的优点与长处。

3. 自信而不偏执，不能强加于人

偏执的人往往把自己的经验、观念、行为准则与真善美判断标准等强加于人；偏执的国家往往把自己的社会制度、价值观念、宗教信仰与意识形态观念等强加于他国。事实上，每一个民族都有自主选择社会制度、社会道路、价值观念、宗教信仰与意识形态观念的权利。国家之间只有相互尊重他国的这种自主选择权利，才能和谐相处。

4. 自信而不霸凌，不能欺负于人

法律面前，须人人平等；国际法面前，须国家平等。强国不欺负弱国，大国不欺负小国。对于经济纠纷、领土争议、海洋权益矛盾、意识形态冲突等，国家之间要采取和平协商的方式来解决，不能恃强凌弱。国家自信者要善于利用自身的优势，帮助弱势国家，促进共同发展，而不是把自身的发展建立在侵占和破坏他国利益的基础之上。

二、国家自然性自信

从认识的角度来看，自然系统可分为三个基本层次：资料、行为与意识。这三者的关系是：行为是关于资料的规则体系，意识是关于行为的规则体系。其中，规范性资料就是产品，非规范性资料就是资源，两者合称为"资产"；规范性行为就是技术，规范性意识就是科学。那么，国家自然性自信可分为三个基本层次：资料自信、行为自信、意识自信。资料自信可归结为资源自信与产品自信，两者合称为"资产自信"；当技术是行为的主流部分时,行为自信可归结为技术自信;当科学是意识的主流部分时,意识自信可归结为科学自信。

从价值的角度来看,自然系统可分为三个基本层次:资料价值、行为价值与意识价值。其中,资料价值体现为一般性价值或财富;行为的客观目的在于改变资料的价值特性,所以行为价值通常体现为能力;意识的客观目的在于改变行为的价值特性,所以意识价值通常体现为素质。归纳起来,从价值论角度来看,国家自然性自信可分为三个层次:价值自信(或财富自信)、能力自信与素质自信。

三、国家社会性自信

社会系统可分为三个基本层次:社会分工、社会管理与社会意识。社会管理是关于社会分工的规则体系,社会意识是关于社会管理的规则体系。同理,国家社会性自信可分为三个基本层次:社会分工自信、社会管理自信与社会意识自信。

规范性社会分工就是经济,规范性社会管理就是政治,规范性社会意识就是文化。当经济是社会分工的主流部分时,社会分工自信可归结为经济自信;当政治是社会管理的主流部分时,社会管理自信可归结为政治自信;当文化是社会意识的主流部分时,社会意识自信可归结为文化自信。此时,国家社会性自信可归结为三个层次:经济自信、政治自信、文化自信。

四、现代国家的社会性自信

现代社会,经济已经成为社会分工的主流部分,政治已经成为社会管理的主流部分，文化已经社会意识的主流部分。

1. 政治制度自信

在当今社会，政治的核心内容是政治制度，政治自信的核心内容就是政治制度自信。我国的政治制度是社会主义制度，基本政治制度是：中国共产党领导的多党合作和政治协商制度、民族区域自治制度、基层群众自治制度。

2. 现代文化自信与传统文化自信

从社会时代的角度来看，文化可分为两个部分：一是现代文化，二是传统文化。文化自信可分为两个部分：一是现代文化自信，二是传统文化自信。

3. 理论自信与道路自信

现代文化的核心内容可分为社会理论与社会道路两个部分。其中，社会理论是基础理论，社会道路是应用理论。因此，现代文化自信的核心内容是社会理论自信与社会道路自信。

当今社会，国家的社会理论可分为封建主义理论、资本主义理论与社会主义理论三种基本类型。我国的社会理论是：中国特色社会主义理论。

当今社会，国家的社会道路可分为封建主义道路、资本主义道路与社会主义道路三种基本类型。我国的社会道路是：中国特色社会主义道路。

统一价值论认为，政治是经济发展的一级加速器，文化是政治发展的一级加速器，也是经济发展的二级加速器。因此，政治自信是更高层次的经济自信，文化自信是更高层次的政治自信。现代国家自信的逻辑结构，如下图所示：

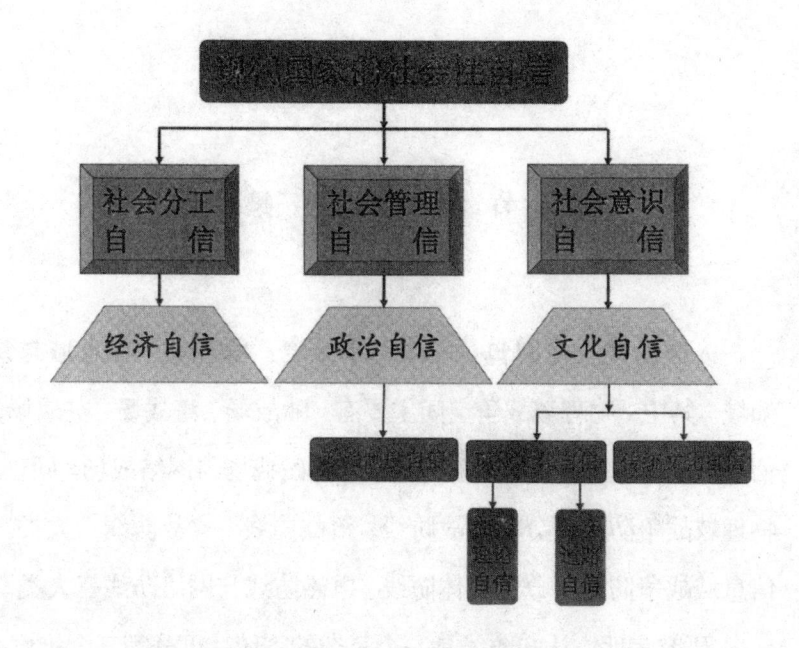

五、国家之间的认知同化及认知对抗

国家之间的共同利益，形成国家之间的认知同化；国家之间的矛盾利益，形成国家之间的认知对抗。自信心较强的主体（个人或国家）往往有较强的实力，并形成较强的认知同化力与认知对抗力。

在认知同化过程中，自信心较强的主体（个人或国家）往往有着较强的底气与骨气，并形成相对较强的认知观同化力与价值观同化力，使对方在代表共同利益的相关事物方面的认知观与价值观朝自己靠拢。

在认知对抗过程中，自信心较强的主体（个人或国家）往往也有着较强的底气与骨气，并形成相对较强的认知观对抗力与价值观对抗力，使对方在代表矛盾利益的相关事物方面的认知观与价值观远离自己。

第十节　认知防线的三维系统

人类的战争空间包括三个基本维度：物理域、信息域与认知域。其中，物理域战争空间主要有：陆战场、海战场、空战场；信息域战争空间主要有：媒体战场、电磁战场与网络战场。同理，物理域战争防线可分为陆战防线、海战防线、空战防线三大类。信息域战争防线可分为媒体防线、电磁防线与网络防线三大类。

研究表明，认知防线是一个复杂的系统，可分为三个维度：横向维度、纵向维度与垂直维度。其中，横向维度认知防线由认知领域的防御决定，纵向维度认知防线由认知过程的防御决定，垂直维度由认知逻辑的防御决定。

一、领域维度（或横向维度）认知防线系统

根据认知内容的不同，横向维度认知防线系统可分为两个领域：自然领域与社会领域。

1. 自然领域认知防线

自然领域认知防线又可分为三个方面：资料认知防线、行为认知防线、意识认知防线。

资料可分为规范性资料与非规范性资料两个对称元素，前者称作产品，后者称作资源，所以资料认知防线可再分为产品认知防线与资源认知防线两个对称元素；

行为可分为规范性行为与非规范性行为两个对称元素，前者称作技术，后者称作个性，所以行为认知防线可再分为技术认知防线与个性认知防线两个对称元素；

意识可分为规范性意识与非规范性意识两个对称元素，前者称作科学，后者称作作风，所以意识认知防线可再分为科学认知防线与作风认知防线两个对称元素。

自然领域认知防线系统，如下图所示：

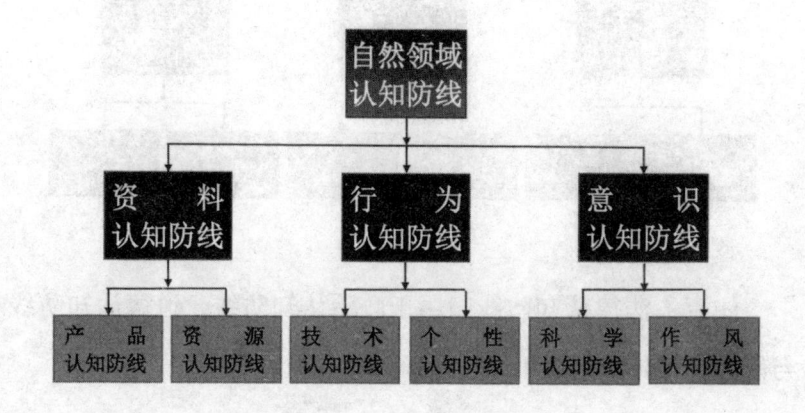

```
                    自然领域
                    认知防线
        ┌──────────────┼──────────────┐
      资料           行为           意识
    认知防线       认知防线       认知防线
     ┌─┴─┐         ┌─┴─┐         ┌─┴─┐
    产品 资源      技术 个性      科学 作风
  认知防线认知防线 认知防线认知防线 认知防线认知防线
```

2. 社会领域认知防线

社会领域认知防线又可分为三个方面：社会分工认知防线、社会管理认知防线，社会意识认知防线。

社会分工可分为规范性社会分工与非规范性社会分工两个对称元素，前者称作经济，后者称作民俗，所以社会分工认知防线可再分为经济认知防线与民俗认知防线两个对称元素；

社会管理可分为规范性社会管理与非规范性社会管理两个对称元素，前者称作政治，后者称作民约，所以社会管理认知防线可再分为政治认知防线与民约认知防线两个对称元素；

社会意识可分为规范性社会意识与非规范性社会意识两个对称元素，前者称作文化，后者称作民风，所以社会意识认知防线可再分为文化认知防线与民风认知防线两个对称元素。

社会领域认知防线系统，如下图所示：

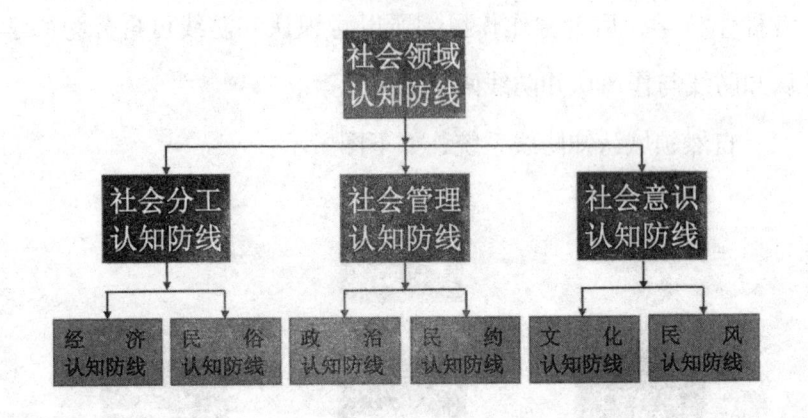

```
                    社会领域
                    认知防线
        ┌──────────────┼──────────────┐
     社会分工        社会管理        社会意识
     认知防线        认知防线        认知防线
     ┌───┴───┐     ┌───┴───┐     ┌───┴───┐
   经济   民俗   政治   民约   文化   民风
   认知   认知   认知   认知   认知   认知
   防线   防线   防线   防线   防线   防线
```

注意：法律认知防线归属于政治认知防线，道德认知防线与伦理认知防线归属于民约认知防线。

二、过程维度（或纵向维度）认知防线系统

由于人的意识（广义认知）过程可分为四个阶段：感觉、认知（狭义认知）、评价与意志，因此过程维度认知防线系统可分为四个方面：感觉防线、认知防线（狭义认知防线）、评价防线与意志防线。其中，评价防线又包括三个方面：需要防线、情感防线与价值观防线。

三、逻辑维度（或垂直维度）认知防线系统

根据"认知的层次结构"可知，事物可分为四个基本层次：

属性、整体性、规律性和系统性，其中，若干属性构成整体性，若干整体性构成规律性，若干规律性构成系统性。与事物相对应的主观意识（广义认知）分别是：印象、概念、定律（或规则）与理论，其中，若干印象构成概念，若干概念构成定律，若干定律构成理论。认知对抗可分为印象对抗、概念对抗、定律对抗（或规则对抗）与理论对抗四个层次。逻辑维度（或垂直维度）认知防线系统由认知对抗的层次决定，可分为印象防线、概念防线、定律防线（或规则防线）与理论防线。

四、认知防线的系统结构

综上所述，认知防线系统是一个三维系统：领域维度（或横向维度）认知防线系统、过程维度（或纵向维度）认知防线系统与逻辑维度（或垂直维度）认知防线系统。其中，领域维度认知防线系统是由认知领域决定的，可分为自然领域认知防线与社会领域认知防线；过程维度认知防线系统是由认知过程决定的，可分为感觉防线、认知防线、评价防线与意志防线；逻辑维度认知防线是由认知的逻辑层次决定的，可分为印象防线、概念防线、定律防线（或规则防线）与理论防线。

采用三维坐标的方式来描述认知防线的系统结构：横坐标（X轴）用以描述横向维度认知防线系统，纵坐标（Y轴）用以描述纵向维度认知防线系统，竖坐标（Z轴）用以描述垂直维度认知防线系统。

认知防线的系统结构，如下图所示：

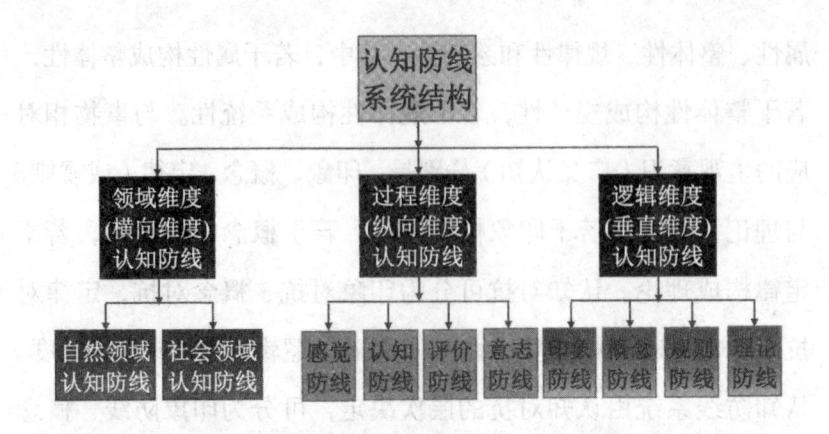

认知对抗论

三维坐标描述认知防线的系统结构，如下图所示：

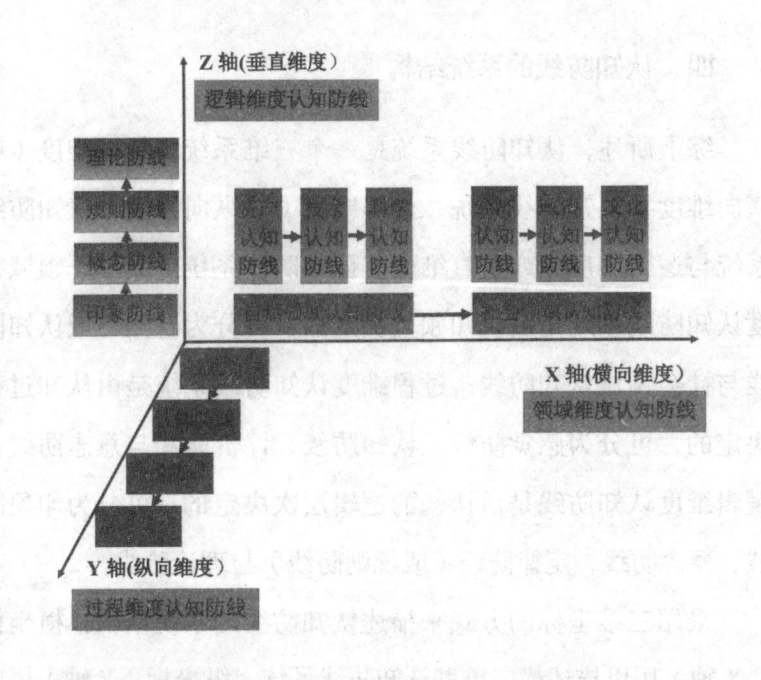

五、认知防线系统中各层次的相互关系

在横向维度认知防线中，自然领域认知防线是较低层次防线，社会领域认知防线是较高层次防线。在自然领域认知防线中，资料认知防线（包括产品认知防线）是最低层的防线，行为认

知防线（包括技术认知防线）是次高层的防线，意识（包括科学认知防线）认知防线是最高层的防线；在社会领域认知防线中，社会分工认知防线（包括经济认知防线）是最低层的防线，社会管理认知防线（包括政治认知防线）是次高层的防线，社会意识认知防线（包括文化认知防线）是最高层的防线。

在纵向维度认知防线中，感觉防线是最低层的防线，狭义认知防线是次低层的防线，评价防线是次高层的防线，意志防线是最高层的防线。

在垂直维度认知防线中，印象防线是最低层的防线，概念防线是次低层的防线，定律防线是次高层的防线，理论防线是最高层的防线。

第十一节 极端性认知对抗系统

当主体之间（个人与个人之间、群体与群体之间）的领土争端、资源抢夺、市场竞争、意识形态斗争、宗教矛盾、民族矛盾等达到一定程度时，往往无法调和；这种无法调和的矛盾必然会反映到人脑中，并形成极端性认知对抗；主体在这种极端性认知对抗的指导下可能会发生暴力冲突。

一、人类正常作用系统

统一价值论认为，人类有两套正常的作用系统：自然性作用系统与社会性作用系统。

自然性作用系统有着两个方面的结构：

一是层次结构，可分为资料、行为与意识三个基本层次。其中，行为是关于资料的规则体系，意识是关于行为的规则体系。

二是规范结构，它的每个层次都有一个规范性元素。其中，资料的规范性元素是工具，行为的规范性元素是技术，意识的规范性元素是科学。

自然性作用系统反映了人与自然的作用关系，这种作用关系构成了个人的基本能力与基本素质。

社会性作用系统有着两个方面的结构：

一是层次结构，可分为社会分工、社会管理与社会意识三个基本层次。其中，社会管理是关于社会分工的规则体系，社会意识是关于社会管理的规则体系。

二是规范结构，每个层次都有一个规范性元素。其中，社会分工的规范性元素是经济，社会管理的规范性元素是政治，社会意识的规范性元素是文化。

二、人类暴力作用系统

人类的暴力作用系统具有强烈的极端性、对立性与强制性，往往发生在主体之间（个人与个人之间、群体与群体之间）的利益矛盾无法调和时。

与人类正常作用系统相对应，人类的暴力作用系统也可分为两套作用系统：自然性暴力作用系统与社会性暴力作用系统。

自然性暴力作用系统有着两个方面的结构：

一是层次结构，可分为暴力资料、暴力行为与暴力意识三个基本层次。其中，暴力行为是关于暴力资料的规则体系，暴力意识是关于暴力行为的规则体系。

二是规范结构，每个层次都有一个规范性元素。其中，暴力资料的规范性元素是武器，暴力行为的规范性元素是武术，暴力意识的规范性元素是武学。

社会性暴力作用系统有着两个方面的结构：

一是层次结构，可分为暴力性社会分工、暴力性社会管理与暴力性社会意识三个基本层次。其中，暴力性社会管理是关于暴力性社会分工的规则体系，暴力性社会意识是关于暴力性社会管理的规则体系。

二是规范结构，每个层次都有一个规范性元素。其中，暴力性社会分工的规范性元素是战争，暴力性社会管理的规范性元素是军事，暴力性社会意识的规范性元素是军事思想。

三、人类极端性认知对抗系统

人类暴力作用系统作为一种客观存在，必然会反映到人脑中，从而形成极端性认知对抗系统。与人类暴力作用系统相对应，人类极端性认知对抗系统也分为两套系统：自然性极端认知对抗系统与社会性极端认知对抗系统。

自然极端性认知对抗系统有着两个方面的结构：

一是层次结构，可分为极端性资料认知对抗、极端行为认知对抗、极端意识认知对抗等三个基本层次。其中，极端性行为认知对抗是关于极端性资料认知对抗的规则体系，极端性意识认知对抗是关于极端性行为认知对抗的规则体系，极端性意识认知对抗是关于极端性资料认知对抗的规则之规则体系。

二是规范结构，每个层次都有一个规范性元素。其中，极端性资料认知对抗的规范性元素是武器认知对抗，极端性行为认知对抗的规范性元素是武术认知对抗，极端性意识认知对抗的规范性元素是武学认知对抗。

社会极端性认知对抗系统有着两个方面的结构：

一是层次结构，可分为极端性社会分工认知对抗、极端性社会管理认知对抗与极端性社会意识认知对抗三个基本层次。其中，极端性社会管理认知对抗是关于极端性社会分工认知对抗的规则体系，极端性社会意识认知对抗是关于极端性社会管理认知对抗的规则体系。

二是规范结构，每个层次都有一个规范性元素。其中，极端性社会分工认知对抗的规范性元素是战争认知对抗，极端性社会管理认知对抗的规范性元素是军事认知对抗，极端性社会意识认知对抗的规范性元素是军事思想认知对抗。

参考资料

仇德辉：《统一价值论》，北京：中共中央党校出版社，2018年

仇德辉：《数理情感学》，北京：中共中央党校出版社，2018年

仇德辉：《情感机器人》，北京：台海出版社，2018年

逯记选、武辉：《心战之巅的光芒》，沈阳：白山出版社，2012年

杨洪训主编：《作战指挥心理学》，北京：军事科学出版社，2000年

吴启炎：《信息心理战》，北京：解放军出版社，2004年